The Non-Designers' Figma Book

ノンデザイナーのための Figma 入門

Figma デザイン + FigJam + Figma Slides

で今日から始めるコラボレーション

関 憲也（seya）著

■注意
(1) 本書は著者が独自に調査した結果を出版したものです。
(2) 本書は内容について万全を期して作成いたしましたが、万一、ご不備な点や誤り、記載漏れなどお気付きの点がありましたら、出版元まで書面にてご連絡ください。
(3) 本書の内容に関して運用した結果の影響については、上記(2)項にかかわらず責任を負いかねます。あらかじめご了承ください。
(4) 本書の全部、または一部について、出版元から文書による許諾を得ずに複製することは禁じられています。
(5) 本書で掲載されているサンプル画面は、手順解説することを主目的としたものです。よって、サンプル画面の内容は、編集部で作成したものであり、全て架空のものでありフィクションです。よって、実在する団体・個人および名称とはなんら関係がありません。
(6) 商標
　　QRコードは株式会社デンソーウェーブの登録商標です。
　　本書で掲載されているCPU、ソフト名、サービス名は一般に各メーカーの商標または登録商標です。
　　なお、本文中では™および® マークは明記していません。
　　書籍中では通称またはその他の名称で表記していることがあります。ご了承ください。

イントロダクション
越境の媒介としてのFigma

　Figmaを一言で「〇〇ツールである」と言い表すなら何という言葉を入れるでしょう？おそらく「デザインツール」「UIデザインツール」「Webデザインツール」のような単語が使われるのではないでしょうか。試しに"Figmaツール"で検索するとそんな呼び方を多く見かけました。

　ただ私は、それだけではなく**コラボレーション**を付け加える方がよりFigmaの本領を表現していると考えています。

　何を隠そうFigma自身も「コラボレーションインターフェースデザインツール」と名乗っています。GoogleでFigmaを検索すると次のように表示されます。

　もちろんFigmaではUIデザインを作ることが主要な目的であるため、UIデザイナーがメインのユーザーです。ですが、Figmaはデザインを通じた"コラボレーション"を主眼においており、そしてそれこそがFigmaを今やUIデザインのデファクトスタンダードたらしめた理由でしょう。

　例えばFigmaはWebブラウザからの閲覧・共有ができ、また、複数人でリアルタイムの同時編集ができます。

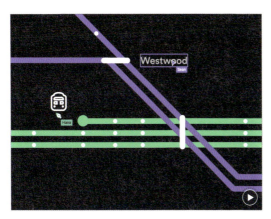

（出典：https://www.figma.com/blog/multiplayer-editing-in-figma/）

越境の媒介としてのFigma

　もしかしたら今となっては当たり前に感じるかもしれませんが、Figma が有名になり始めた 2010 年台後半にはドデカいデザインファイルを都度送るなどのやり取りをしており、またファイル自体も素人が解釈するには難しいものでした。フロントエンドエンジニアだった私は、Figma を初めて触った時は " デザイン " というものに対する価値観が変わったことを覚えています。それまではファイルのやり取りが煩雑過ぎて、どこか「デザインはデザイナーの持ち物」という感覚を持ってしまっていたのですが、一気にデザインに対してオーナーシップを感じられる距離感になりました。

　こういったコラボレーションを支えるコアな技術を備えつつ、昨今では **開発モード** や **Figma Slides** などデザイナーに閉じない機能も続々と追加されています。

　Figma はデザイナーに閉じずプロダクトマネージャーや開発者、UX リサーチャー、営業、経営者などなど実に様々な役割の人々に活用されています。

　この本の著者である私もソフトウェアエンジニアです、デザイナーではありません。私も最初はフロントエンドを作る傍ら Figma の便利さに惚れ、どんどんのめり込んで行きました。

　私は Figma を「越境の媒介」、すなわち他の領域に **越境** しやすい、入口となるようなツールになっています。私のようにエンジニアリングからデザインへ、逆にデザイナーがより実装により興味を持つきっかけになったり、プロダクトマネージャーや UX リサーチャー、営業、カスタマーサクセス、人事 … もはや上げきれないほどに様々な職種の人が活用し始められるものになっています。

　そんなところで、本書では Figma、及び FigJam をノンデザイナーの方々に具体的な活用例と共に紹介していきます。具体的な UI デザインでしか使わない詳細に関しての説明は極力抑え、Figma・FigJam を日々の会議や、ワイヤーフレーム・プロトタイプの作成、スライド資料作成や画像変種など様々な目的で使い始める入門書となるように意識しました。自分の職種に関わりそうなところはもちろん、他の部分も読んでみて、興味を持つようになる、そんなきっかけになれば大変嬉しいです。

2024 年 11 月
関 憲也（seya）

本書の構成

導入編	第1章	**Figmaの全体像** 　初めにFigma自体のUIではなく、そもそもFigmaとはどんなツールでどんなモードがあるのか、アカウントの作成手順やチームの作り方、料金体系などについて解説します。
基礎編	第2章	**Figmaデザインの見取り図** 　Figmaで中心となる**Figmaデザイン**のUIの全体像と個別の使い方などを見ていきます。ここでFigmaデザインの基本的な操作方法を学んで実践に活かしていただきます。また、コンポーネントやバリアブル、オートレイアウトなどの少し難易度は上がりますが、作業効率化にとても活躍してくれる機能の解説もしています。
基礎編	第3章	**FigJamの見取り図** 　2章と同様に、**FigJam**についてもUIの全体像と個別の使い方などを見ていきます。FigJamの基本的な使い方はもちろん、ハイタッチやウィジェットなど会議を盛り上げるのに一役買ってくれる機能などについても解説します。
実践編	第4章	**プロダクトデザインにおけるFigmaデザイン・FigJam** 　基礎を踏まえた上で、プロダクトデザインのプロセスのステップ毎にFigma・FigJamがどう活きるかを解説していきます。コミュニティのテンプレートやAI機能の活用、プロトタイプの具体的な作り方などについて触れていきます。
実践編	第5章	**開発者のためのFigma―Figmaデザインで"デザインの値を見る"** 　開発者向けにFigmaデザインをどう見るかを解説します。なるべく閲覧権限で見る方法や開発モードの味方、プラグインでの開発などについて触れていきます。
発展編	第6章	**Figmaデザイン＆Figma Slidesでコラボラティブなスライドをつくる** 　プレゼンの作成にFigmaを活用する方法を解説します。従来のスライドツールとの違いや、Figmaならではの利点、新モードであるFigma Slidesの活用方法を紹介します。
発展編	第7章	**さらに広がるFigmaの世界** 　最後に画像編集やFigmaのコミュニティ、教育分野などより広がるFigmaの使い方をご紹介して本書を締め括ります。

想定読者

本書は以下のような方を想定しながら執筆しています。

想定読者1　プロダクトマネージャー・開発者

　他職種の人たちとのコラボレーションを加速させたいプロダクトマネージャー・開発者の方々は、本書の主たる想定読者です。昨今では Figma は UI デザインのデファクトスタンダードとなりつつあり、自然とソフトウェアプロダクト開発に携わるプロダクトマネージャーや開発者の方々も触れる機会が増えていることでしょう。そんな方々に本書を手に取っていただき、Figma・FigJam の今まで知らなかった使い方を発見いただきたいです。するとより良いコラボレーションに繋がることでしょう。

想定読者2　全人類

　本を書く時はターゲットを絞るべきなのですが、Figma はコラボレーションを促進ツールで、人は人とコラボレーションして生きていくため対象は全人類となります。やはりメインのターゲットはソフトウェアプロダクトの開発に従事されている方々なのですが、FigJam での会議や Figma デザインによるスライド資料の作成、画像編集のユースケースはもはや職種問わず役に立つこと間違いありません。7 章でご紹介するように教育の文脈でも Figma は活躍しています。願わくば様々な職種・業種の方が Figma・FigJam を使い始めて各々の場所での使い方を見つけていっていただきたいです。

想定読者3　デザイナー

　タイトルに**ノンデザイナー**とつけてはおりますがデザイナーの方々も想定読者ではあります。デザイナーの方々にも普段の自分たちの業務の範囲外の視点からの Figma が知れて、きっと面白い内容になっているのではないかなと考えています。

　Figma 及び FigJam をデザインする人のためだけのツールとしてではなく、万人のコラボレーションのためのツールとして捉えると非常に様々な可能性が広がっていきます。それでは、そんな Figma・FigJam・Figma Slides の使い方を見ていきましょう！

目　次

イントロダクション	越境の媒介としてのFigma 3

本書の構成 5

想定読者 6

Column目次 10

謝辞 10

導入編　第1章　Figmaの全体像

- **1.1** Figmaが選ばれる理由 12
- **1.2** 3つのファイル形式 FigmaデザインとFigJamとFigma Slides 15
- **1.3** Figmaを使う準備 17
- **1.4** デスクトップアプリで開く 20
- **1.5** チームとプロジェクト、ファイルの階層構造 24
- **1.6** Figmaの料金体系 27
- **1.7** 権限について 31
- **1.8** コミュニティ：プラグイン、デザインテンプレートが集まる場所 33
- **1.9** まとめ 39

基礎編　第2章　Figmaデザインの見取り図

- **2.1** Figmaデザインの画面構成 42
- **2.2** 左ペイン―レイヤー、ページ、コンポーネントライブラリ 43
- **2.3** 中央ペイン―キャンバスに要素を追加する 44
- **2.4** 右ペイン―キャンバスにある要素を使う 51
- **2.5** AI機能を活用した効率化 56

目次

- **2.6** 知っておきたいFigmaの概念 60
- **2.7** Figmaデザインの便利なショートカット 79
- **2.8** デザインファイルを整理する 83
- **2.9** まとめ 86

基礎編 第3章 FigJamの見取り図

- **3.1** FigJamの画面構成 88
- **3.2** 左ペイン：ファイル・ページ操作 89
- **3.3** 右ペイン：コラボレーション機能とAI 89
- **3.4** 中央ペイン―ボード編集に関するツール 97
- **3.5** FigJamで会議を盛り上げる 110
- **3.6** FigJamのショートカット 113
- **3.7** まとめ 114

実践編 第4章 プロダクトデザインにおけるFigmaデザイン・FigJam

- **4.1** "デザイン"は見た目だけではない：デザインのダブルダイヤモンド 116
- **4.2** プロダクト要件とユーザーストーリーマップ 117
- **4.3** プロトタイプとは 124
- **4.4** ワイヤーフレームを自力で作る 127
- **4.5** ワイヤーフレームをラクに作る 131
- **4.6** インタラクティブなプロトタイプを作る 136
- **4.7** インタラクティブなプロトタイプをAIで自動で作成 148
- **4.8** プロトタイプを共有する 150
- **4.9** スマホやタブレットからプロトタイプを見る 152
- **4.10** まとめ 156

実践編 第5章 開発者のためのFigma ― Figmaデザインで"デザインの値を見る"

- **5.1** 開発モードとその料金 158
- **5.2** 開発モードを使わずに"デザインの値を見る" 159
- **5.3** 開発モードを使って"デザインの値を見る" 168
- **5.4** VSCodeとFigmaデザインの連携 178
- **5.5** まとめ 182

発展編 第6章 Figmaデザイン & Figma Slidesでコラボラティブなスライドをつくる

- **6.1** Figmaデザインが最強のスライドツールである理由 184
- **6.2** Figmaデザインで作るかFigma Slidesで作るか 187
- **6.3** Figmaデザインでスライドを作る 188
- **6.4** Figma Slidesでスライドを作る 198
- **6.5** おわりに 215

発展編 第7章 さらに広がるFigmaの世界

- **7.1** Figmaデザインで画像編集 218
- **7.2** Figmaとコミュニティ 225
- **7.3** 教育とFigma 229

おわりに 232
プラグインとウィジェット 233
ショートカットキー一覧 234
索引 236

Column目次

- デスクトップアプリ vs. Webブラウザどっちが使いやすい? 22
- Figmaの技術小話 40
- フレームとグループ、どっちを使うべき? 47
- バリアブル vs. スタイル 78
- FigJamにしかないオブジェクトをFigmaデザインで使う方法 107
- モバイル版Figmaとタブレットで手描きラフをデジタル化 130
- Figmaと適切な距離感を保つことも大事 155
- Figma API、プラグイン、ウィジェットを使ってFigmaでプログラミング 180
- スライドの公開をFigmaのプロトタイプでしても良い? 195
- キャンバスを使ったプレゼン 214
- イベント現場で活きるテクニック―スライド自動めくり 216

―― 謝　辞 ――

　本書は多くの方々からのご支援を受けて執筆いたしました。はじめに、本書の企画から出版に至るまで多大なる尽力をいただいた秀和システムの木津滋さんに感謝を申し上げます。ひょんなことから本書の執筆のきっかけを作ってくださった木原朝美さんに感謝を申し上げます。本書のレビューをいただいた谷拓樹さん、椎橋寅次郎さん、Figmaの教育現場についてのお話を聞かせていただいた石川綾さんにも感謝を申し上げます。本書の執筆にあたって柔軟な働き方をお許しいただき、本書の表紙デザインにもアドバイスをいただいた弊社Gaudiyの皆様にも感謝を申し上げます。

　最後に、ノンデザイナーとして本書の中身から表紙に至るまでフィードバックをくれた妻にも心からの感謝を捧げます。

導入編

第 1 章

Figmaの全体像

　この章ではFigmaというソフトウェアの全体像に加え、プランの選択やプラン毎に異なる料金など、Figmaを使い始める前の**準備**についてお話します。プランや料金の話は、いったん読み飛ばしてしまっても大丈夫です。アカウント作成だけ済ませ「次の章にすぐ進んで、気になった時に戻る」という読み進め方で問題ありません。

第1章 | Figmaの全体像

1.1 Figmaが選ばれる理由

　序章でも伝えたように、Figmaは**コラボレーションインターフェースデザインツール**で、純粋なデザインツールというよりは、万人が使えるようなツールを目指して、開発が進められています。

　では、この**コラボレーション**を促進し、多くのユーザにFigmaが選ばれるようになった理由は何でしょうか？　私は次の三つの要素が特に大きいのではないかと考えています。

理由1 Webブラウザで開ける

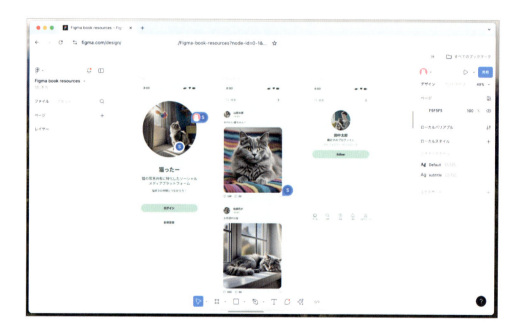

　Figmaにはデスクトップアプリもありますが、Webブラウザでも開けます。今となっては当たり前に聞こえるかもしれませんが、Figmaが登場するまで、**デザイン**は基本的にデスクトップアプリで行っていました。筆者も昔はフロントエンドエンジニアとしてPhotoshopやIllustrator、Sketchなどのデザインツールでデザイナーが起こしたデザインを見てコードを書き起こしていました。しかし、それぞれ専用のデスクトップアプリを使い分ける必要がありましたし、操作も難しく、いつまでも苦手意識が消えなかった記憶があります。

Figmaでは、アカウントを作る手間はかかりますが、Webのリンクだけですぐにデザインを確認することができます。また、FigmaのUIはシンプルで、直感的に操作することができます。これは、デザインツールのUIが得てして複雑で、ちょっとしたプロパティの確認にも慣れが必要なのとは対照的です。

Figma社は創業時からこの**Webブラウザで操作できる**ことが多様な人々のクリエイティビティを花開かせることに重要だと考え、多くの技術検証を重ねてFigmaを開発しました。そして、その信念が間違っていなかったことは、いまのFigma社の成功が証明しているでしょう。英語にはなりますが、Figma社創業者の想いが気になる方は、下記のブログを読んでみてください。

https://www.figma.com/blog/meet-us-in-the-browser/

理由2 共同編集ができる

（出典：https://www.figma.com/blog/multiplayer-editing-in-figma/）

Figmaでは複数の人が同時に同じファイルを編集をすることができます。Figma登場以前は「デザインファイルはデザイナーの持ち物で、デザイン作業が一通り終わったら他の開発者やプロダクトマネージャーにシェアされる」という感覚を私は持っていました。

ですが、Figma登場により同時編集が可能になり、ノンデザイナーの人たちがいつでもデザインファイルにアクセスできるようになり、**デザイン**がより身近なものとなりました。

Webブラウザで使えることも相まって、手軽にデザインファイルにアクセスできるようになったことが、Figmaが幅広い層に受け入れられた大きな理由でしょう。

理由3 豊富なプラグインやテンプレートを生み出すコミュニティ

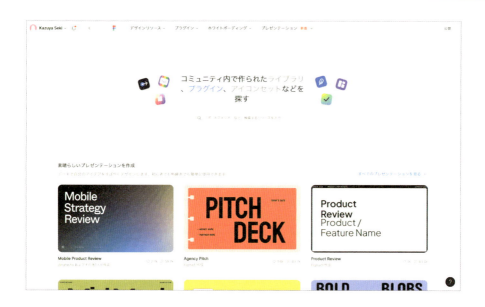

Figmaには**コミュニティ**というスペースがあり、ここでは自分が作った便利なデザインテンプレートやプラグイン（拡張機能）を誰でも公開することができます。

これらによりFigma本体だけではサポートされない多様な機能を使えるようになりました。

いい感じのシャドウを付け加えたり、コードを生成したり、プロジェクト管理ツールと紐付けたりと、多様なニーズに応える機能は、このコミュニティのエコシステムによって支えられていると言っても過言ではありません。

その他の理由を探そう

これら3つ以外にも、**プロトタイプ**（P.136参照）や**オートレイアウト**（P.68参照）など、Figmaが**コラボレーションインターフェースデザインツール**として盤石の地位を築くのに貢献してた神機能は山のようにあります。

そして、これらの機能を実装したことで、

- デザインファイルにアクセスしやすい
- UI、操作がシンプルで使いやすい
- 多様なデザインニーズを満たすユーザエコシステム

を兼ね備えたデザインツールが生まれたのです。そして、この**多様なニーズ**というのは、もはや「UIデザイナーがUIデザインを作る」という狭い世界に留まりません。プロダクトデザインのあらゆる箇所で使われ、開発やスライド作成のクリエイティビティを加速させ続けているのです。

　本書ではそんなユースケースたちとFigma、FigJam、Figma Slidesの使い方を併せて紹介していきます。

1.2 3つのファイル形式 FigmaデザインとFigJamとFigma Slides

　Figmaには、大きく分けて**Figmaデザイン (Figma Design)**、**FigJam**、**Figma Slides**の3種類のファイル形式があります。

　ややこしいのですが、本書ではなるべくソフトウェアの総称をFigmaと呼び、デザインを作るのに特化したファイル形式のことを**Figmaデザイン**と呼びます。

Figmaデザイン

　FigmaデザインとFigJamは共通点が多くあり、初見では違いが分かりづらいかもしれません。

　ざっくり言うと、Figmaデザインは主にデザインやプロトタイプ開発などの用途に使います。FigJamと比較すると、より精緻なデザインを行えるよう、豊富な編集機能が提供されます。

　Figmaデザインの詳細に関しては2章「Figmaの見取り図」で、FigJamの詳細に関しては3章「FigJamの見取り図」でそれぞれ解説していきます。

FigJam

　FigJamはブレインストーミングやアイデア出し、プロジェクト計画などのコラボレーション作業に適しています。UIもシンプルで、Figmaのような細かい調整はできなくなっています。

　"できなくなっている"と表現すると、ともすると劣化しているかのような印象を与えるかもしれませんが、FigJamはコラボレーションに必要なもの（例えば、付箋やフローチャート、作図などの要素）を扱うことに特化しており、チームでミーティングをする時などでも、ストレスなく「ながら操作」をすることができます。

Figma - 細かなデザイン作業ができる　　　　FigJam - シンプルなUIで作図や会議に活躍

　ノンデザイナーの方々にとっては、どちらかというとシンプルで使いやすいFigJamの方が使いやすい場面が多いと思いますが、本格的なデザインを作るのでなくともちょっとした画像編集やスライド資料作成などにFigmaデザインも大変便利です。そんな様々な場面で活きるFigmaの魅力を、本書を通して感じていただければ幸いです。

Figma Slides

　Figma Slidesは、名前の通りスライドに特化したファイル形式で、6章「Figmaで作るプレゼン資料」でじっくり解説していきます。

開発モード

　ファイル形式ではありませんが、Figmaデザインには**開発モード（Dev Mode）**という、開発者がデザインに関わる情報を見やすく表示するための動作モードがあります。こちらに関しては「開発者のためのFigma―Figmaデザインで"デザインの値を見る"」で紹介します。

1.3 Figmaを使う準備

それではFigmaを使う準備をしていきましょう。

Figmaアカウントの作成

Figmaを使うには、Figmaアカウントが必要です。アカウントを持っていない場合は、新規作成しましょう。

Figmaのウェブサイト（https://www.figma.com/）にアクセスし、画面右上の**無料で始める**をクリックします。

Googleアカウントでログインするか、メールアドレスとパスワードを入力して「アカウントを作成」をクリックします

第 1 章 │ Figmaの全体像

既にアカウントを持っている場合は、画面右上の**ログイン**をクリックしてログインしましょう。

初めて使った際には、以降のようにいくつかの質問を聞かれます。「スキップ」の選択肢がアクティブになる質問は飛ばしても大丈夫です。

途中プランの選択を促されます。プランについては1.6「Figmaの料金体系」で説明します、ここではいったん**スターター**を選択してください。

> ⚠ CAUTION
> 2025年3月11日の料金改訂後は料金の表記などが変わっている可能性があります。

最後の質問ではFigmaデザイン、FigJam、Figma Slidesのどれで始めるかを選ぶことができます。「スキップ」を押すと、作成したFigmaファイルの一覧などが表示される**ホーム**画面に遷移します。

　この後、1.5「チームとプロジェクト、ファイルの階層構造」では、ホーム画面からファイルやコミュニティの見方を解説するので、いったんスキップしていただくと話がスムーズです。なお、どのファイル形式を選んでも、次のようにワンクリックでホーム画面を開けます。

ホーム画面を開く

　どのファイル形式を選んでも、画面左上のFigmaロゴをクリックしてから「ファイルに戻る」を選択することで、いつでもホーム画面を開けます。気の向くまま、好きなファイル形式を選び、どんなことができそうか試してみてください。

> **❗NOTE**
> 後述するデスクトップアプリをお使いの場合は、画面左上にホームタブがあり、そちらをクリックすることでホーム画面を開けます。

1.4 デスクトップアプリで開く

Figmaにはデスクトップアプリもあります。以下のダウンロードページを開いて、**デスクトップアプリ**の中からお使いのOSのリンクをクリックしてインストーラーをダウンロードしてください。インストールは、インストーラーの指示に従ってください。

https://www.figma.com/ja-jp/downloads/

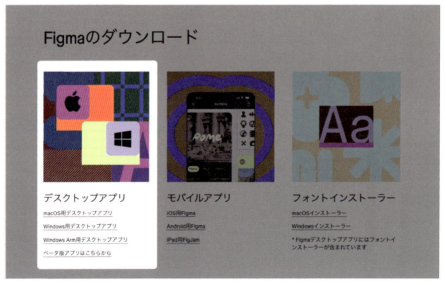

インストール後、デスクトップアプリを開くと、次のような画面が開きます。「ブラウザでログイン」をクリックして先ほど作成したアカウントでログインすると、ブラウザと同じように使えるようになります。

デスクトップアプリで開く 1.4

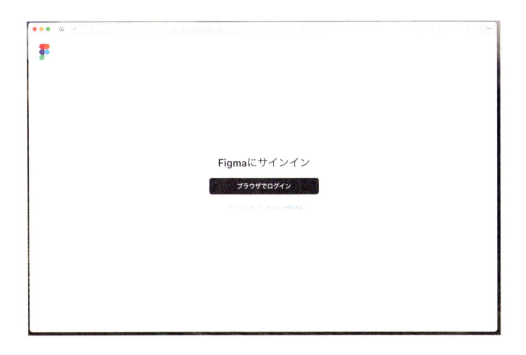

Tips 別ウィンドウで開く

　Figmaを使っていると複数のウィンドウで作業したい時がたまにあります。Webブラウザの場合は、シンプルに複数のウィンドウを開けばOKです。デスクトップアプリの場合は、次のように画面上部のタブをアプリウィンドウの外側へドラッグ＆ドロップすることで、ウィンドウを分離できます。

1.タブを掴む　　　　　**2.ウィンドウ外にドラッグ**　　　　　**3.離すと別のウィンドウになる**

　分離元のアプリウィンドウと、分離先のアプリウィンドウでは同じデザインファイルを表示できるので、「ファイルの特定の部分を表示させつつ、同じファイルの別の場所を編集する」という使い方ができます。

21

> ## Column
> ### デスクトップアプリ vs. Web ブラウザどっちが使いやすい？
>
> 「デスクトップアプリとWebブラウザ、どちらで使う方がいいのか？」という問いが気になるかもしれません。雑に聞こえるかもしれませんが、筆者の回答は「どちらでもいい」です。筆者はFigmaにまつわるウィンドウが一つにまとまっていると嬉しいので、デスクトップアプリで開いていますが、時に気分でWebブラウザを使うこともあります。一点注意点としては、ブラウザではローカルフォントはそのままでは使えないのでフォントインストーラー（https://www.figma.com/ja-jp/downloads/）をインストールする必要があります。
>
> それ以外の機能差はほとんどないので、自分の作業スタイルに合わせて使い分け・併用していくと良いでしょう。

> **❗ NOTE**
> ちなみにFigmaをブラウザで開いていて「これデスクトップアプリで開きたいな〜」となることがたまにあるのですが、そういった時は左上のFigmaアイコンをクリックしてから「デスクトップアプリで開く」をクリックすると開けます。

モバイルアプリでもFigmaを閲覧

　FigmaにはモバイルアプリもGood存在します。先ほどインストーラーのページを見てお気づきになった方もいらっしゃるかもしれませんが、iOS、Android、iPadそれぞれに用意されています。

1.4 デスクトップアプリで開く

スマートフォンでは、デザインファイルを開いて閲覧したり、**コメント**機能（2.3「コメント」参照）を使ってチームメンバーとコミュニケーションしたり、Figmaデザインの**プロトタイプ**（4章「プロダクトデザインとFigmaデザイン・FigJam」参照）を操作したりすることができますが、デザインを作成することはできません（iPadではできます）。モバイルアプリの具体的な活用方法は、1.5「モバイルアプリでもFigmaを閲覧」で紹介します。

（出典：https://apps.apple.com/jp/app/figma/id1152747299）

モバイルアプリが活躍する場面も多いので、インストールしておくと捗るでしょう。

1.5 チームとプロジェクト、ファイルの階層構造

アカウントとチーム

　Figmaデザインは**チーム**でファイルを取り扱っていきます。特定のチームに自分のアカウントが紐づいていれば、そのチーム内のコンテンツは基本的に全て閲覧することが可能です。このため、既に自分の所属先でチームが作られている場合は、チームの管理者に自分のアカウントを追加するようメールアドレスと共に連絡してください。

　次の図のように、一つのアカウントは複数のチームに所属することができ、切り替えることができます。

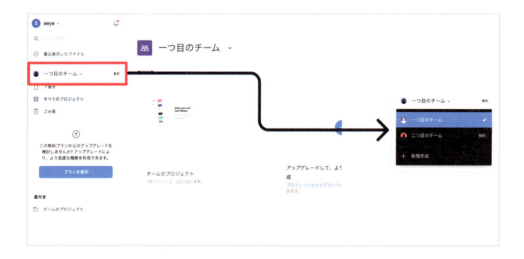

プロジェクト

　チームの中には**プロジェクト**を作成でき、プロジェクトの中にファイルを作成することができます。プロジェクトは**フォルダー**のようなもので、一階層だけ作れます。

チームとプロジェクト、ファイルの階層構造 1.5

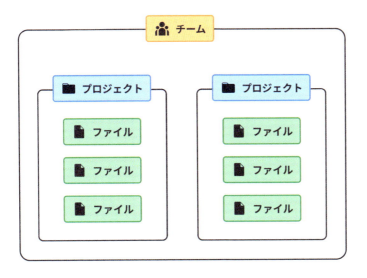

次の図は、筆者の個人チームの画面です。**seya**がチーム名で、チーム配下に二つのプロジェクトが作られ、それらのうち「00_本文」プロジェクトには、「14個のファイル」が作られていることを読み取れます。プロジェクト配下に複数のファイルが作られていることが分かります。

> **🛈 NOTE**
> ビジネスプラン以上を契約している場合には、複数のチームや**ワークスペース**（一つの組織の中で区切られたチームの集まり）を作れます。

下書き

自分がデザインファイルやFigJamファイルを新規作成したとき、そのファイルは**下書き**と

いう場所に保存されます。下書きはチームに紐づいていますが（新しく作った時に開いていたチームが選ばれるようです）、いきなりチームメンバーが閲覧可能になることはなく、自分にしか見えていません。

チームメンバーが閲覧できる状態にしたい場合は、該当のファイルを右クリックして「ファイルを移動」を選択して、特定のチームや、プロジェクトへ移動する必要があります。

1.6 Figmaの料金体系

> ⚠ **WARNING**
> 2025年3月11日からFigmaの料金体系が変わります。
> 本セクションではひとまず執筆時点の料金体系を解説した後、2025年3月11日以降の料金体系についても解説します。

Figmaデザインのプランと料金

　Figmaデザインはアカウント毎の月額課金制を採用しています。Figmaデザインの利用プランにはスターターチーム（無料）、プロフェッショナルチーム、ビジネス、エンタープライズの4種類があり、プランごとに課金額が決められています。同じチーム内で「この人はプロフェッショナルチーム、この人はビジネス」みたいな選択はできません。チーム自体がビジネスプランで契約したら、そのチームに紐づく**編集権限**（1.8「権限について」）があるアカウントには、全員ビジネスプランの料金がかかります。閲覧権限のみのアカウントは何人いても無料です。

以降では、プラン毎の大まかな違いを解説します。

詳細については、Figma社のプランのページ（https://www.figma.com/ja-jp/pricing/）をご覧ください。

1. スターターチーム（無料）

- 他者と共有するファイルは3つまでしか作れません。
- ただし共有しないファイル（個人用ドラフト）は無制限に作れます。

2. プロフェッショナルチーム

- 他者と共有する・しないに関わらず無制限にデザインファイルを作れます。
- チームライブラリ（他のファイルからデザインを読み込めるようになる機能）を利用できます。
- より高度なプロトタイピング機能や、開発モードなどの機能を使うことができるようになります。
- バージョン履歴が無制限になり、共有プロジェクトとプライベートプロジェクトの管理が可能になります。

3. ビジネス

- 組織レベルの機能：組織全体のライブラリ、デザインシステムアナリティクス、ブランチ機能が追加されます。
- カスタマイズと管理：プライベートプラグイン、ファイルの一元管理、管理・請求の一元化、シングルサインオンなどの機能を利用できます。

4. エンタープライズ

- 高度なデザインシステム管理：高度なテーマ設定、REST APIによる変数の同期、ワークスペースごとのデフォルトライブラリなどを利用できます。
- 開発者向け機能の拡張：デフォルトのコード生成言語設定、プラグインのピン留めと自動実行などが可能になります。
- 企業レベルのセキュリティと管理：チーム専用ワークスペース、ゲストアクセス制御、SCIMによるアカウント管理、アイドルセッションタイムアウト、高度なリンク共有管理などの機能が追加されます。

結局どのプランを選べばよいの？

多くのチームはプロフェッショナルチームプランまでで事足りることが多いです。ビジネスプラン以上ではブランチ機能やそのチーム内でだけプラグインを配布できるなどの機能が便利です。組織の規模が大きくなると、より細かな権限設定が必要になるなど、セキュリティ

要件も増えるでしょうから、それらと料金との兼ね合いで決めると良いでしょう。

FigJamのプランと料金

　FigJamにも、Figmaデザインと同じ名前のプランが用意されていますが、FigJamの料金は、スターターチーム以外のどのプランを選んでも**750円/月**です。Figmaデザインはビジネスプラン以上になってくると料金が高くなるので、「どのチームメンバーに編集権限を与えるべきかをしっかり考えないとな」という感覚になってきます。一方、FigJamは料金が固定なので、カジュアルに扱えます。ノンデザイナーの方々はFigJamを利用する機会が多く、筆者の勤務先でもFigJamだけ有料プランを選択している方が多いです。

Figma Slidesのプランと料金

　Figma Slidesは2024年度までは無料でしたが、2025年度からはプランに応じて**月額3ドルまたは5ドル**がかかるようになると発表されています。

開発モードを使えるプランと料金

　開発モードはプロフェッショナルチームプラン以上でしか利用できません。チーム内で編集権限を持っている人は開発モードを使えます。

そして、ビジネスプラン、エンタープライズプランの場合は開発モードだけの権限（デザインの編集はできない）を付与することができます。本書執筆時点（2024年11月）における料金は次の通りです。開発モードについての詳細は5章「開発者のためのFigma―Figmaデザインで"デザインの値を見る"」で紹介します。

- ビジネスプランは1アカウントあたり月額25ドル
- エンタープライズプランは1アカウントあたり月額35ドル

2025年3月11日以降の料金体系

以上が執筆時点の料金体系ですが、2025年3月11日以降の料金体系は次のように変わる予定です。

		プロフェッショナル	ビジネス	エンタープライズ
フル	Figma Design / Dev Mode / FigJam / Figma Slides	$16/月 年払い $20/月 月払い 以前は$12–15/月	$55/月 以前は$45/月	$90/月 以前は$75/月
Dev	Dev Mode / FigJam / Figma Slides	$12/月 年払い $15/月 月払い 2025年3月11日より新設	$25/月	$35/月
コラボ	FigJam / Figma Slides	$3/月 年払い $5/月 月払い	$5/月	$5/月
閲覧	閲覧/コメント権限	無料	無料	無料

（出典：https://www.figma.com/ja-jp/blog/billing-experience-update-2025/）

これまではFigmaデザイン、FigJam、Figma Slides、開発モードと個別の料金体系だったのですが

- FigJamとFigma Slidesが使える「コラボ」
- それに加えて開発モードが使える「Dev」
- 更にFigmaデザインも使える「フル」

というシート体系に変更されます。Figmaデザインに関しては値上げなのですが、「Dev」シートでは今までの開発モードと同じ料金でFigJamとFigma Slidesが使えるようになったり、「コラボ」の料金はむしろ今までのFigJam単独と同じ・もしくはお安い上にFigma Slidesも使えるようになっているため、ノンデザイナーにとってはお求めやすくなった変更かなと捉えています。

1.7 権限について

　Figmaはプロジェクトやファイルへのアクセスを細かく制御するための権限システムを提供しています。これにより、チームのコラボレーションを促進しつつ、重要なデザイン資産を保護することができます。プランの選択にも影響してくるところなのでチームメンバーや自分の業務に併せて適切な権限を付与しましょう。

編集権限と閲覧権限

　権限には、**編集できるか否か**という分岐があります。編集できる権限を持ったアカウントには月毎の料金がかかりますが、閲覧権限のみの場合は無料です。

　編集権限がある場合は、名前の通りファイルや権限があるチームの中であらゆるものをいじれるようになります。次のようなことは編集権限があるとできますが、閲覧権限ではできません。

- ファイルのコンテンツを編集
- 他のチームメンバーや外部コラボレーターを招待
- **バリアブル**や**コンポーネント**をチームの**ライブラリ**に公開

一方、閲覧権限のみでも、次のようなことができます。

- ファイルのコンテンツを表示
- レイヤーを選択してプロパティの値を確認
- デザインを画像としてエクスポート
- コメントの追加・返信
- プロトタイプの表示と操作

　つまり、デザインに変更を加えない操作はたいてい行えます。これらの操作で十分かどうか、編集権限が必要な場合はそれがどのくらいの頻度で発生するか、あたりが編集権限を付与するかどうかの判断基準になってきます。

チーム管理者の権限

　チーム管理者はチームのメンバーの追加や削除、権限の変更などチームメンバーの管理に対する追加の権限を持ちます。ファイルやライブラリの操作などに関しては編集権限と大きな違いはありません。

プロジェクトレベルの権限

　チーム内で編集権限を持つアカウントはどのファイルを開いても編集でき、閲覧権限しか持たないアカウントは見ることしかできません。Figmaデザインでは別途プロジェクト毎やファイル毎に権限を設定できます。

　デフォルトでは**チームと同じ**、つまり上述の通りの挙動なのですが、誰でも**閲覧のみ**にしたり**無効**にして見られなくできたりします。「共有」から「アクセス権の変更」に進むと変えることができます。

1.8 コミュニティ：プラグイン、デザインテンプレートが集まる場所

Figmaには**コミュニティ**というスペースがあり、そこでは多くのFigmaユーザが**テンプレート**や、便利な**プラグイン**、**ウィジェット**などを公開しています。

コミュニティを見る

ホーム画面左下の「コミュニティを見る」を選択すると、**コミュニティ**画面が開きます。デスクトップアプリでは、ホームタブの右のタブ（地球のアイコンが添えられています）から開けます。

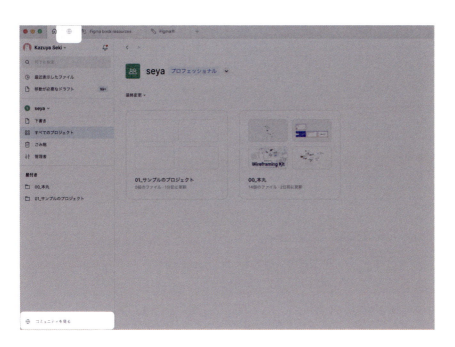

せっかく「コミュニティ」画面を開いたので、便利なプラグインを三つ紹介しましょう。

Iconify — あらゆるアイコンを検索

　Iconify は、商用利用なアイコンセットを検索して、好みのアイコンをFigmaデザイン上にインポートできるプラグインです。Figmaに**プラグイン**という仕組みが導入された最初期のころから存在する老舗プラグインで、多くのFigmaユーザが恩恵を受けていると思います。次の画面は、キーワード `"figma"` で検索した結果です。アイコンを選択して「Import Icon」をクリックするか、アイコンの画像をドラッグしてFigmaデザインのキャンバス上へドロップすると、該当のアイコンをキャンバス上に配置できます。

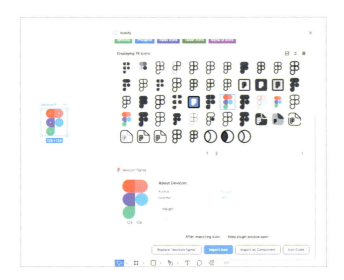

　Iconifyで使えるアイコンは商用利用可能ですが、Figmaロゴのような、特定のブランドのブランドロゴも含まれます。こうしたロゴには使用にあたってガイドラインが定められているケースもあるため、注意してください。

🔌 html.to.design — ウェブサイトをFigmaのデザインに変換

https://www.figma.com/community/plugin/1159123024924461424/html-to-design-by-divriots-import-websites-to-figma-designs-web-html-css

　html.to.designは、HTMLからFigma上に全く同じ見た目・構造のデザインを再現してくれるプラグインです。

> **❶ NOTE**
> Figmaが普及したいまではレアケースかもしれませんが、筆者も昔、Figmaのデザインがないサイトを、後からFigmaでデザインする必要に迫られた時にこのプラグインを使い、非常に便利でした。

使い方は簡単です。プラグインを開いたら、Figma上でデザインを再現したいサイトのURLを入力し、「Import」ボタンを押し、次の画面で必要に応じて細かい設定を入力・選択するだけです。

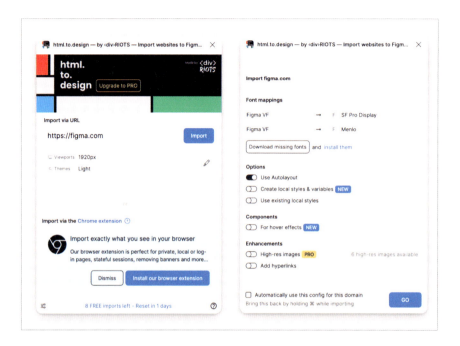

ここでは、試しにFigma社のサイト（https://figma.com）を、Use Autolayoutオプションを有効にして読み込んでみました。ほぼ完璧に再現してくれているのではないでしょうか。すごい！

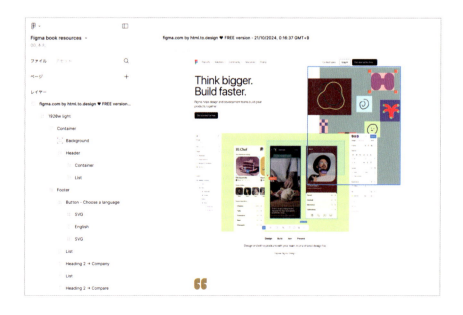

Artboard Mockups ― 簡単にオシャレなモックアップ作成

https://www.figma.com/community/plugin/750673765607708804/artboard-mockups

　Artboard Mockupsは、たった数ステップの操作で、オシャレなモックアップを作成できるプラグインです。ここでいうモックアップとは、PCやスマートフォンなどの画面に製品のデザインなどを載せた素材のことを言います。言葉だけですと何のことか分かりづらいので、手を動かして実際できあがるものを見てみましょう。

　プラグインを起動し、「iPad Pro」を検索して選択すると、白いフレームとiPadの画像が出現します。

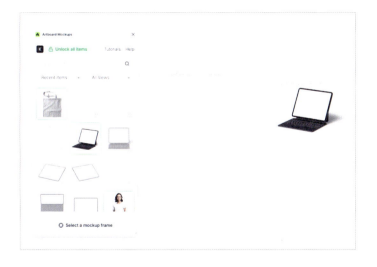

　この状態から次のように操作していくと、任意のデザインをiPadの画面に写したモックアップを作ることができます。

1. 映したいデザインを、白いフレームへドラッグ＆ドロップ
2. 映したいデザインの、サイズや位置を調節
3. 白いフレームを選択すると、プラグインウィンドウの「Render selected frame」ボタンが緑色に変わるのでクリック

次の図では試しに先ほどのプラグインで作られたFigmaのページを入れてみました。しっかり角度なども変じゃない形で表示されています。無料だと選択肢も少なかったりはするのですが、ちょっとデバイスを使ったオシャレな表現もお手軽に実現できてしまい便利です！

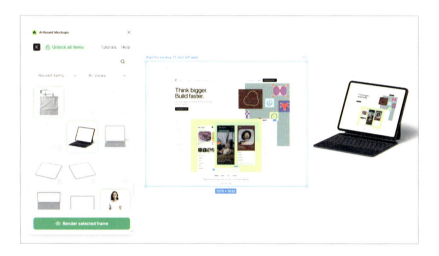

他にも便利なテンプレート、プラグイン、ウィジェットはたくさんあるので、以降の章で適宜紹介していきます。楽しみにしてください。また、本書の7章「さらに広がるFigmaの世界」では、作成したデザインテンプレートやプラグインなどをコミュニティに公開する手順なども紹介します。

1.9 まとめ

　1章はプラン、料金、権限など、少し硬めの話が続きました。しかし、これらはチームでFigmaを運用していく上で、避けては通れない話です。基本的には情報システム担当者の方々や、デザイナーのどなたかがチーム管理者として役割を担うことが多く、意識する機会は少ないかもしれませんが、料金発生の仕組みを念頭に置いておくと、自分がもっと強い権限や幅広い機能を使いたいと感じた時に、管理者との話がスムーズになるでしょう。

　また、繰り返しにはなりますが、Figmaの**コミュニティ**には非常に便利なテンプレートやプラグインがたくさん公開されています。Figmaのコミュニティ内を眺めてみるでもいいですし、「〇〇 figma プラグイン」のようなキーワードでWebを検索すると、たくさんのキュレーション記事がヒットするので、それらを参考にするのも良いと思います。

　それでは、Figmaのソフトウェアとしての全体像を掴んだところで、次にFigmaデザインのUIについて学んでいきましょう！

Column
Figmaの技術小話

　ここではいったん、デザインツールという枠を取り払い、一開発者として見たFigmaというソフトウェアのすごさを語ってみたいと思います。

　Figmaは2016年にリリースされ、「ブラウザ上で動く」というそれまでのデザインツールの常識を覆す形で登場しました。当初から「デザインを万人にアクセス可能にする」という理念を掲げていて、そのためにブラウザ上で動くことにこだわっていました。Figmaはそれ自体のデザインも洗練されていますが、それを支える技術も一線級のものです。

　WebGLやWebAssemblyと呼ばれる高度な技術を黎明期から採用してブラウザ上で動く、複数人が同時に触れるデザインツールを構築していきました。一般的なフロントエンドエンジニア目線で語ると、これらのような技術は普段触る機会はなく、プログラミング言語もC++と言った扱いが難し目の言語で書かれていて、別次元の世界の話に感じます。

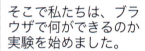

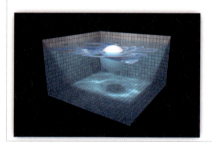

　この確かな技術力が、Figmaが他の競合ツールに追随を許さなかった一因になりました。Figmaは純粋にデザインツールとして素晴らしいので、それだけでもファンなのですが、「技術力が競合優位性になった」という点でも技術者としては尊敬の念を覚えています。

参考
・https://www.figma.com/ja-jp/about/
・https://www.figma.com/blog/meet-us-in-the-browser/
・https://www.figma.com/blog/webassembly-cut-figmas-load-time-by-3x/

基礎編

第 **2** 章

Figmaデザインの見取り図

　本章ではFigmaを初めて触る方に向けて、FigmaデザインのUIの概要について解説していきます。

　世の中には本書以外にもFigmaの入門教材はたくさんあります。そこで、本書ではFigmaのUIを網羅するというよりは、ノンデザイナーが知っておくべき情報だけを厳選して紹介します。

> ⚠ **WARNING**
>
> **注意点：FigmaのUIの大型アップデート—UI3とUI2**
> 2024年6月のFigma Configというカンファレンスを境に、FigmaのUIが刷新されました。これは**UI3**と呼ばれており、それ以前のものは**UI2**と呼ばれていました。
> 本書ではUI3を前提に解説していきますが、本書以外のFigmaの学習リソースに触れた時にUIが大きく違うことがあるかもしれません。ちょっと大変かもしれませんが適宜UI3に該当するものを探していきましょう。

第2章 | Figmaデザインの見取り図

2.1 Figmaデザインの画面構成

Figmaデザインの画面は、大きく分けて4つの部分から構成されています。

①	キャンバス	ここに様々なレイヤーを駆使してデザインを作っていきます
②	左ペイン	レイヤーを見る、ページの作成・変更、アセットの閲覧・ライブラリの追加などが行えます
③	中央ペイン	フレームの作成やテキスト・図形の入力などキャンバスにレイヤーを追加する様々な操作が行えます
④	右ペイン	レイヤーのデザインの詳細の閲覧・変更、プロトタイプの設定、ファイルの共有など、主にキャンバスの要素を元にした様々な操作が行えます

以降では、左ペイン、中央ペイン、右ペインそれぞれのUIについてざっくりと紹介しつつ、具体的なユースケース毎の操作方法を解説していきます。

2.2 左ペイン ― レイヤー、ページ、コンポーネントライブラリ

左ペインでは、**ファイル**と**アセット**を操作することができます。

ファイルタブでは**ページ**と**レイヤー**が表示されます。

アセットタブでは、**ライブラリ**を通して、**コンポーネント**というデザインを再利用する仕組みを扱えます。コンポーネントについては2.6.1「コンポーネント ― 繰り返し使えるデザインテンプレート」で詳しく解説します。

- **ページ**：一つのデザインファイルには複数のページを作ることができ、ページごとに異なるデザインを作成できます。
- **レイヤー**：デザインを構成する要素（フレーム、テキスト、図形など）が階層構造で表示されます。

2.3 中央ペイン ─ キャンバスに要素を追加する

中央ペインには、キャンバス上でデザインを作るために必要なフレーム、図形、テキストなどのツール類に加え、コメントやアクションのようなコラボレーションや制作作業の効率化に役立つ機能を呼び出すためのボタンが並んでいます。

①	移動/手のひらツール/拡大縮小ツール	デフォルトでは**移動**が選ばれていて、オブジェクトの選択や移動ができます。**手のひらツール**を選ぶと画面をドラッグできるように、**拡大縮小ツール**でズームイン/ズームアウトができます
②	フレーム/セクション/スライス	複数のレイヤーを束ねられるフレームやセクションを作ることができます
③	シェイプ/画像/動画	様々な図形(シェイプ)や直線・矢印を作ることができます
④	ペンツール	自由に線を描けたりベクターグラフィックスを作れます
⑤	テキスト	テキストを書けます
⑥	コメント	コメントを見たり書き込んだりすることができます
⑦	アクション	AI機能やプラグインなど様々なアクションを実行することができます
⑧	開発モード	開発モードに切り替えることができます

移動/手のひらツール/拡大縮小の操作

筆者は、常に**移動**を選択した状態でFigmaデザインを使っています。

- 手のひらツール（ドラッグ＆ドロップ操作で表示位置を変えられる）
- 拡大縮小

の二つは、キーボード操作とマウス操作を組み合わせ、

- キャンバスの移動はトラックパッドで行うかスペースキーを押しながらドラッグする
- 拡大縮小はcommand（Ctrl）キーを押しながらマウスのホイールを回す

という感じで作業しています。ですので、中央ペインのボタン操作で切り替えることはほぼありません。ツールを逐一選択して切り替えるのはとても面倒なので、ぜひ覚えてみてください。

フレーム

　Figmaデザインで、筆者が最も重要なレイヤーと考えるのが**フレーム**です。フレームを使うと、複数のレイヤーを束ねることができます。

　例えば次のデザインでは、Pageというフレームの中にCardというフレームがあり、その中にはRating ContainerやTags Containerというフレームがあり…とフレームを入れ子にして作られています。Figmaデザインでは、このようにフレームを入れ子にすることで、UIデザインを作っていきます。左ペインの**レイヤー**を見ると、入れ子にされたフレームの階層構造がよく分かります。

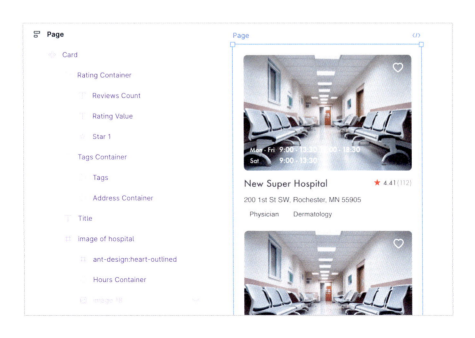

フレームを作成する

　フレームを作成するには、中央ペインのツールバーから**フレーム**を選択してキャンバス上に設置するか、フレームとしてまとめたいレイヤー（複数）を選択した状態で、command（Ctrl）＋ Option（Alt）＋ Gを押します。

　フレームツールを選択すると、右ペインに様々なデバイスの画面サイズが表示されます。こちらをクリックすれば、適切な幅と高さのフレームを作成できるので、こちらから始めるのがオススメです。

> **❶ NOTE**
> フレームでは**オートレイアウト**という中身に応じて高さや中身を自動調節してくれる機能を使えます。こちらに「オートレイアウト―中身に応じて自動で高さと幅を変更」（P.68）で詳しく解説します。

Column
フレームとグループ、どっちを使うべき？

　Figmaデザインには複数のレイヤーを束ねるレイヤーとして、フレームの他に**グループ**があります。本書執筆時点（2024年11月時点）で、グループはFigmaデザインのUIからも姿を消しつつあるので、知らない方も多いはずです。

　ただ、他の教材でグループとフレームを学び、「どちらを使えばいいのだろう？」と思う方がいらっしゃるかもしれません。そこで、筆者の私見を述べておきます。

　筆者の意見は「全部フレームでOK。むしろ全部フレームにしたい。」です。フレームでは、後述するオートレイアウトを使えます。フレームはグループの完全上位互換といえる機能を備えています。一度グループ化したレイヤーを、後からフレームに変換するのも面倒ですから、最初から全部フレームにしておくのが良いでしょう。

> **NOTE**
> グループは、近場のオブジェクトを一緒に移動したいなど、一瞬だけ束ねたいというときには便利です。

シェイプツール

　様々な図形や直線、矢印をキャンバス上で描くことができます。UIデザイン用途では出番が少ないのですが、プレゼン資料のイラストや図を作る時には重宝します。

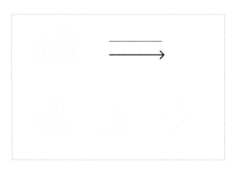

　一方、画像/動画は重要です。一番下の画像/動画をクリックすると、ファイルを選択するダイアログが開くので、読み込みたい画像/動画ファイルを選択します。すると、キャンバス上に選択したファイルが表示されます。

> **! CAUTION**
> 動画はプロフェッショナルチームプラン以上でないと選べません。

上記の手段以外にも、画像/動画ファイルをキャンバスにドラッグ＆ドロップしたり、クリップボード経由でコピー＆ペーストしたりすることでも、キャンバス上に配置できます。

コメント

Figmaデザインでは、各レイヤーに対して**コメント**を残すことができます。

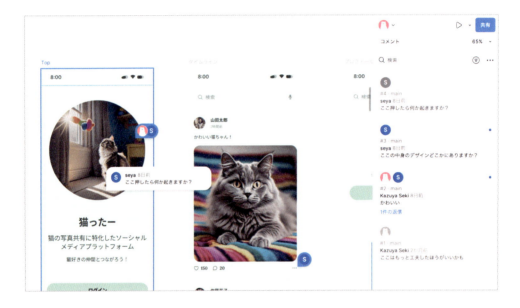

コメントには画像を載せることもできますし、チームメンバーに対してメンションをつけることもできます。中央ペインで**コメント**を選ぶと、右ペインがコメント表示に切り替わります。右ペインで気になるコメントをクリックすると、そのコメントが付けられたレイヤーをキャンバスで確認できるようになります。

コメントは、デザインに関する提案、レビュー、質問など、チームメンバー間のコラボレーションを支援してくれる重要な機能です。ぜひ使いこなしましょう。

> **Tips** 様々な通知で気づけるようにする
>
> 自分が作ったデザインファイルについたコメントや、自分にメンションされたコメントには積極的な対応を心掛けたいものです。デザインファイルを開いている間は、コメントにバッジがつくので、ほぼ間違いなく気づけます。デザインファイルを開いていない場合には、メールやSlack、モバイルアプリの通知を頼ることになります。
>
> メールの通知設定はホームの左上のアカウントアイコンから設定を選び、「通知」タブを開くと変更することができます。

中央ペイン—キャンバスに要素を追加する 2.3

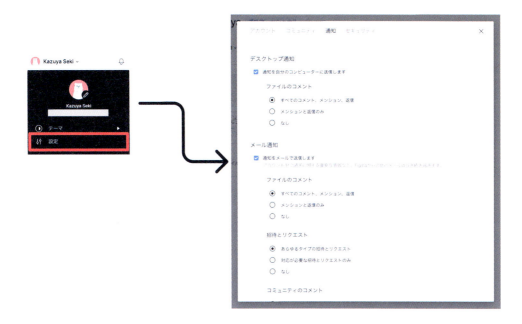

Slackの設定はとても簡単です。

- SlackのワークスペースにFigmaアプリを追加します
- SlackにFigmaアカウントを接続して、受信した通知を流すチャンネルを作成します

これだけで、コメントに関する通知を受信できるようになります。
Figmaのモバイルアプリでは、通知の受信だけでなく、デザインファイルの閲覧、コメントの確認、コメントへの返信も行えます。

出典：https://help.figma.com/hc/ja/articles/360039829154-Slack%E3%81%A7%E3%81%AEFigma%E3%81%8B%E3%82%89%E3%81%AE%E9%80%9A%E7%9F%A5%E3%81%AE%E5%8F%97%E3%81%91%E5%8F%96%E3%82%8A

▼ iOS

https://apps.apple.com/jp/app/figma/id1152747299

▼ Android

https://play.google.com/store/apps/details?id=com.figma.mirror&hl=ja&pli=1

Tips Comment Noteウィジェットでキャンバス上にコメントを残す

　Figmaのコメント機能は十分強力なのですが、コミュニティ（1.1「Figmaが選ばれる理由」参照）から入手できるウィジェット（特定のユーザだけが使うプラグインと違い、全ユーザが使える拡張機能）を使って、コメントを残す方法もあります。Comment Noteというウィジェットを使うと、次の図のようにポインター付きのコメントをキャンバス上に直接設置できます。右ペインをコメント表示に切り替えなくてもコメントを見られますし、ラベルによってコメントの目的が伝わりやすくなる点が便利です。

2.4 右ペイン ― キャンバスにある要素を使う

右ペインには、**マルチプレイヤーツール**、**共有機能**、**デザインの詳細設定**、**プロタイプ設定**などが表示されます。

①	ユーザー	自分のアカウント含め閲覧しているアカウントのアイコンが表示されます
②	プロトタイプ	プロトタイプを開始することができます
③	共有	リンクの取得や招待などファイルの共有にまつわる操作が行えます
④	タブ	「デザイン」と「プロトタイプ」を切り替えられます
⑤	詳細	キャンバス上で選択しているものに応じて、デザインタブとプロトタイプタブの詳細が表示されます

マルチプレイヤーツール（同時に閲覧しているユーザ）とスポットライト

右ペインの左上には、自分を含め、デザインファイルを閲覧しているアカウントのプロフィールアイコン（マルチプレイヤーツール）が表示されます。

マルチプレイヤーツールをクリックすると**スポットライト**という、他のユーザに自分が見ている領域をフォロー(追従)してもらえる機能を使えます。

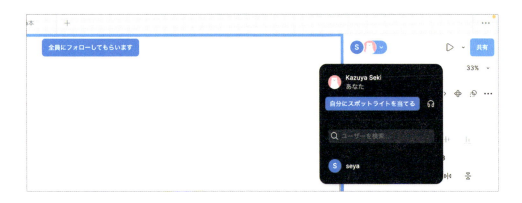

スポットライトで招待されたユーザは、すぐに強制的にフォローするわけではなく、検討時間が与えられ、招待を断らなかった場合にフォローするようになります。

また、逆に他のユーザのアイコンをクリックすると、そのユーザが見ている領域をフォローし始めます。どちらの場合のフォローも、自分でキャンバスを操作したら解除されます。

チームメンバーとFigmaデザインを使ったミーティングを開くときに便利なので覚えておきましょう。

共有

右ペインの右上にある**共有**ボタンをクリックすると、次のダイアログが開き、デザインファイルを他人と共有できるようになります。

共有の方法には、**リンクを送る**方法、**招待を送る**方法の2種類があります。

リンクを送る場合には、リンクを受け取る人がデザインファイルへのアクセス権を持っていないと閲覧できません。チームにリンクを受け取る人のアカウントを追加するか、デザインファイルを**コミュニティに公開**する必要があります。

招待を送る場合は、招待を受け取る人のアクセス権を決める必要があります。アクセス権は、編集権限か閲覧権限のいずれか一つです。

> **❶ NOTE**
> プロトタイプや開発モードをデフォルトで開いている状態のリンクを共有することもできます。

Tips レイヤーを指定して共有
リンクで共有する時に特定のレイヤーを選択していると、リンクを受け取るユーザがリンクを開いた時に、そのレイヤーがキャンバスに表示された状態で開きます。

全Figmaユーザに共有
　使う機会は限られますが、誰に見られるかを絞らず、Figmaユーザ全員に向けて公開することもできます。「招待されたメンバーのみ」をクリックしてから、「アクセス可能なユーザー」プルダウンで「ユーザー全員」を選べば完了です。
　広報目的の資料を、社外に対して配信したい場合などに便利です。

その他には「コミュニティに公開する」という選択肢もあります。

プロトタイプ設定
　右ペインの**プロトタイプ**タブでは、インタラクティブなプロトタイプを作成するための設定を行えます。
　プロトタイプ機能の詳細な使い方に関しては、4章「プロダクトデザインにおけるFigma・FigJam」にて解説するので、そちらをご参照ください。

デザインの詳細設定を見る・変える
　右ペインではキャンバスに配置された各レイヤーの設定情報を確認したり、編集したりす

ることができます。紙面の都合上、すべてのプロパティをくわしく説明することはできないため、ここではダイジェスト版をお届けします。

①	レイヤー種別の操作	フレームではコンポーネント化、画像ではトリミングなどレイヤーの種類に応じたアクションが実行できます
②	位置	キャンバス内での座標や角度などが閲覧・変更できます
③	外見	不透明度や角丸などの値が閲覧・変更できます
④	塗り	背景色が閲覧・変更できます
⑤	線	ストローク(レイヤーの周りにできる線)が閲覧・変更できます
⑥	エフェクト	影をつけたりぼやかしたりできるエフェクトの閲覧・変更できます
⑦	エクスポート	画像やPDFとしてエクスポートすることができます
⑧	オートレイアウト	オートレイアウトが付与されたフレームのみで見られます。オートレイアウトにまつわる値が閲覧・変更できます
⑧	タイポグラフィー	テキストレイヤーのみで見られます。フォントファミリーやフォントサイズなどタイポグラフィーにまつわる値が閲覧・変更できます

アクション ― プラグイン・ウィジェットの実行

　プラグインの実行やウィジェットの設置は**アクション**から行えます。中央ペインのボタンを押しても良いのですが、使用頻度が高いため、ショートカットcommand（Ctrl）＋/またはcommand（Ctrl）＋Pを覚えてしまうと良いでしょう。また、command（Ctrl）＋option（Alt）＋Pのショートカットで直前に呼び出したプラグインを呼び出せます。繰り返し同じプラグインを使う場合に便利です。

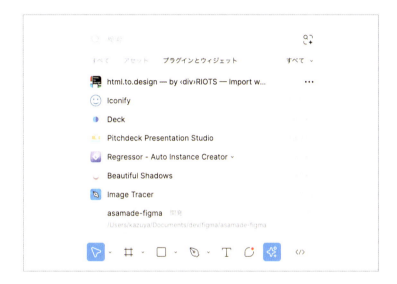

プラグインやウィジェットの探し方

　1章でもいくつかプラグインを紹介しましたが、やはり他にどんなプラグインがあるかは気になるところでしょう。あまり価値のないアドバイスですが、「Figma プラグイン　おすすめ」をキーワードにWeb検索すると、キュレーション記事がたくさんヒットするので、それらをいくつか読むと、定番のプラグインをつかめるでしょう。

　また、Figmaコミュニティの**プラグイン**タブでは、ユースケース毎に便利なプラグインをまとめてくれています。

2.5 AI機能を活用した効率化

Figma社は2024年6月に開催されたConfigというカンファレンスにおいて、生成AIを活用した新機能の搭載を発表しました。派手ではなく、堅実にデザインの実務に役立つ機能が多いので、一つ一つ紹介していきます。

AI機能もプラグインなどと同じく**アクション**から実行します。command（Ctrl）＋/またはPのショートカットを用いて開いてみましょう。

> **⚠ CAUTION**
> AI機能は本書執筆時点（2024年11月）ではまだベータ版であり、利用制限があります。どれくらい使ったら使えなくなるのかの利用制限の基準値などは公開されていませんが、使い過ぎると一定時間使えなくなるようです。そのリスクだけ念頭に置いておきましょう。また、全てのユーザに対して使えるようになっていないので、お使いのアカウントで解放されていない場合は、残念ですがしばらく待ちましょう。現状ではどのプランのユーザでも無料で利用できますが、Figma社のヘルプページには次のように書かれており、将来的にはAI機能は別途料金が発生する可能性がありそうです。
>
> 　注：FigmaのAI機能はベータ版期間中の現在は無料ですが、利用制限があります。一般公開時に価格の最新情報をお知らせいたします。
> （出典：https://help.figma.com/hc/ja/articles/24039793359767-Figma-AI%E3%81%AB%E3%81%A4%E3%81%84%E3%81%A6）

レイヤー名を自動で名付ける

Figmaデザインでは、たくさんのレイヤーが作られるため、コンポーネントを使って束ねたり、適切な名前を付けたりして、レイヤー管理に一定の労力を割く必要があります。特にレイヤー名の付与をさぼると、レイヤーツリーを見ても、何が何だか分からなくなります。

レイヤー名を変更を実行すると内容に応じて、AIが適切なレイヤー名を自動でつけてくれます。地味ではありますが非常に重宝する機能です。

AI機能を活用した効率化 2.5

プロトタイプを作成

　もしかしたら別の期待を抱いた方もいらっしゃるかもしれませんが、「作りたいアプリなどを指定したらそのプロトタイプが自動で出来上がる」という類のものではありません。既存の静的なモックアップから、インタラクティブなプロトタイプを提案してくれるというものです。

　詳しくは4章「プロダクトデザインにおけるFigmaデザイン・FigJam」にて解説しますが、一つ一つインタラクションを指定するのはそこそこの手間なので、それが自動化されて非常に便利です。

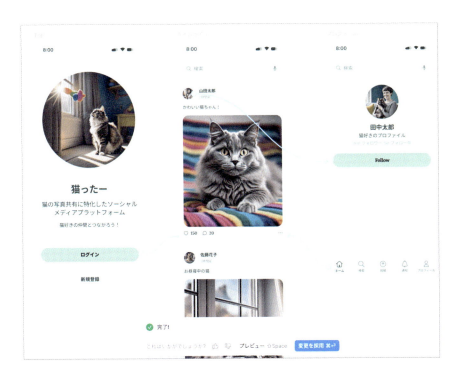

「コンテンツを置換」で本物っぽいダミーテキストを自動生成

「コンテンツを置換」は、表など反復要素を含むUIを作っている時に大助かりな機能です。例えば表のデザインを作っている時は、次のように行を複数コピー＆ペーストして作っていくのですが、各行のダミーテキストを考えるのは手間です。一方、このままでは本番用テキストを入れたときに生じる問題に気づけないかもしれません。

そんな時にこの「コンテンツを置換」を実行すると、本物っぽいダミーテキストに置き換えてくれます。

①	選択ツール	キャンバス上のレイヤーを選択するツールです
①	選択ツール	キャンバス上のレイヤーを選択するツールです
①	選択ツール	キャンバス上のレイヤーを選択するツールです
①	選択ツール	キャンバス上のレイヤーを選択するツールです
①	選択ツール	キャンバス上のレイヤーを選択するツールです

コンテンツを置換 ✧

①	選択ツール	キャンバス上のレイヤーを選択するツールです
②	ペンツール	パスを作成するツールです
③	消しゴムツール	描画を消去するツールです
④	バケツツール	領域を塗りつぶすツールです
⑤	形状ツール	図形を作成するツールです

テキストのリライト/短くする/翻訳

テキストに対して様々な編集が実行できるAI機能です。機能名の通りテキストレイヤーの内容を変更してくれます。リライトや短くするはそこまで出番があるか分かりませんが、翻

訳は多言語のサイトのデザインや資料を作っている時に重宝する機能でしょう。

　筆者も本書でFigJamのテンプレートを活用した時、たくさんある英語ベースのテンプレートを、AI翻訳機能を活用して日本語に変換できたので、とても助かりました。

画像の作成/背景を削除

　画像の作成を実行するとプロンプトに沿った画像を生成してくれます。筆者が試した感覚では、日本語のプロンプトは一部無視されがちなきらいがあったため、精度が必要な場合は、英語でプロンプトを書く必要があるかもしれません。

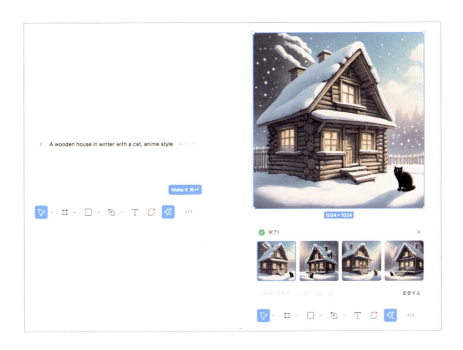

　背景を削除は背景を削除してくれます。この機能が登場するまでは外部サービスのプラグインが必要だったので、非常にありがたい機能です。

2.6 知っておきたいFigmaの概念

2.2～2.5節ではFigmaデザインのUIの概観を解説してきましたが、それだけでは伝えきれなかった重要な機能がいくつかありますので、ここでまとめて解説していきます。

コンポーネント ― 繰り返し使えるデザインテンプレート

Figmaデザインでは、作ったデザイン要素を**コンポーネント**とすることで"再利用"することができます。

コンポーネントのメリット

もちろん、ただ再利用するだけなら、コピー&ペーストで事足ります。コンポーネントの重要な価値は、親コンポーネントに変更を加えると、すべての子コンポーネントにもその変更が反映されるところです。

つまり、後から変更を加えたとき、複製したデザインを一つ一つ変更して回るのではなく、一箇所だけ変更すれば、すべてのデザインに反映してくれるのです。

コンポーネントを作成

では、実際にコンポーネントを作成してみましょう。本書で繰り返し登場する次の表はコンポーネントを使って作っていますので、こちらを題材に作成方法を紹介します。

① コンポー	ネントで
② 表が	作れる

まず、テーブルのレイヤーを作ります。次に、テーブルのレイヤーを選択して右クリックし、表示されたメニューから「コンポーネントを作成」を選択します。すると選択したレイヤーがコンポーネントになります。

> **! NOTE**
> 「コンポーネントを作る」という本筋から逸れてしまうため、テーブルの作り方の詳細は省略します。同じデータが欲しい方は本書のサンプルデータをご利用ください。

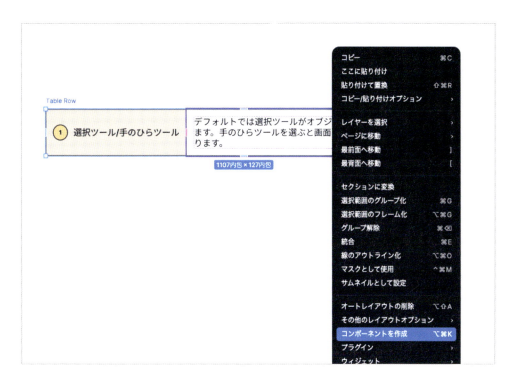

　この元になる親コンポーネントを**メインコンポーネント**と呼び、メインコンポーネントを継承して作られた子コンポーネントを**インスタンス**と呼びます。インスタンスは次の方法で作ることができます。

1. メインコンポーネントをコピー&ペースト、またはcommand（Ctrl）＋Dで複製
2. Option（Alt）キーを押しながらメインコンポーネントをドラッグ&ドロップ
3. アセットパネルからドラッグ&ドロップ
4. アクションメニューから検索
5. コンポーネントの検索ダイアログから検索

　1番目と2番目は近場にメインコンポーネントがある時にしか使えないので、3番目と4番目の方法を覚えておくことが大事です。

第 2 章 | Figmaデザインの見取り図

メインコンポーネントの編集

　インスタンスは、メインコンポーネントを変更したとき、同様に変化します。試しにメインコンポーネントの背景色を変えてみましょう。メインコンポーネントの表の背景色を変えると、それに追随してインスタンスの表の背景も変わります。

インスタンスの編集

　インスタンスは、そのインスタンス独自のスタイルや、テキストを保持することができます。次の図では1個目のインスタンスだけ背景色を変えてみましたが、2個目のインスタンスは何も変わっていません。

これで、柔軟に再利用できるテーブルコンポーネントを作ることができました。コンポーネントは最初の作成が手間なのですが、1回作成しておくと、本当に楽になります。繰り返し再利用するデザインは、積極的にコンポーネント化していきましょう。

バリアント―コンポーネントのパターンを定義

バリアントのメリット

コンポーネントをマスターできたら、次は**バリアント**（派生物）です。聞き慣れない単語だと思うので、先ほどのテーブルコンポーネントを使って、バリアントの何が嬉しいのかを説明します。

先ほどのテーブルコンポーネントを見ると、全ての辺にボーダーが設定されています。実は何も考えずにそのまま並べていくと、テーブルの行を区切るボーダーだけ少し太くなってしまいます。これは、上側のインスタンスの下辺と、下側のインスタンスの上辺が、重ならずに接しているためです。

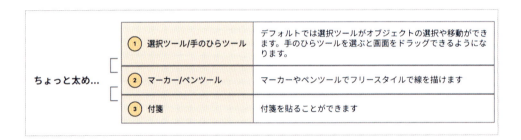

これでは見映えが悪いので、**最初の行**だったら上のボーダーをつける、以降の行では上のボーダーをつけないようにしたいです。このようなワガママを叶えてくれるのが、**バリアント**です。

バリアントの追加

バリアントはメインコンポーネントに追加して使います。

実際にバリアントを追加してみましょう。バリアントを追加するには右ペインのコンポーネント設定から3点リーダー（…）をクリックし、「バリアントの追加」を選択すると、同じコンポーネントがヒョコッと登場します。これが追加されたバリアントです。

バリアントの見た目とプロパティの編集

追加されたバリアントを選択し、プロパティを変更して、上のボーダーを消します。続いて、メインコンポーネントとバリアントのプロパティと値を編集します。右ペインのコンポーネント設定で**プロパティ1**や**デフォルト**と書かれている部分を次表のように設定してください。

編集前	メインコンポーネント	バリアント
プロパティ1	最初の行	最初の行
デフォルト	True （上の辺をつける）	False （上の辺をつけない）

以上でバリアントの設定は完了です。

インスタンスを作って確認する

　テーブルコンポーネントのインスタンスを作ってみましょう。すると、右ペインのコンポーネント設定に**最初の行**というプロパティが現れます。トグルスイッチのオン・オフで、上の辺があるバリアントと、ないバリアントとを切り替えられるようになります。

バリアントをさらに追加する

　先の例では、プロパティの値としてTrue/False（いわゆる**ブール値**）を設定したので、プロパティにトグルスイッチが現れました。ここでは少し手順を改め、**背景**というプロパティに、3種類のテキスト値（**デフォルト**、**赤**、**青**）を設定し、プルダウンメニューでテーブルの背景色を変更できるように設定します。

> **❗NOTE**
> **ブール値**は英語だとbooleanで、TrueまたはFalse、要は「はい」か「いいえ」の二つの値のみを持つものを指します。

コンポーネントプロパティを使ってバリアントの数を削減

「バリアントをさらに追加する」を見て気づいたかもしれませんが、バリアントを意図通り動かすためには、全ての組み合わせを作る必要があります。**最初の行**が2パターン×**背景**が3パターン＝6通りのコンポーネントを作る必要があります。これはパターン数が増えてくると組合せ爆発でとんでもないことになることを意味します。

ボーダーをつけたり消したりとか**背景色を変えたり**はバリアントでしか実現できないので仕方ないのですが、実は**アイコンをつけたり消したり**などは**コンポーネントプロパティ**という機能を使うとバリアントを作らずに実現できます。組合せ爆発が起こりそうなときに、コンポーネントプロパティを使えないかと考えてみるのは有効です。

コンポーネントプロパティの利用例

例としてボタンの中のアイコンの表示を切り替えられるようにしてみましょう。

1. コンポーネントを選択して右ペインから「プロパティを追加」をクリックします
2. 「ブール値」を選択します
3. ダイアログが開くので **with Icon** と入力して「プロパティを作成」をクリックします
4. アイコンのレイヤーを選択します
5. **外見**のセクションからコンポーネントプロパティのアイコンをクリックします
6. 「with Icon」を選択します

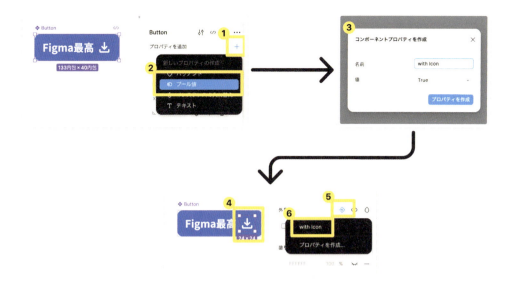

すると、バリアントを作らずに with Icon トグルスイッチのオン・オフでアイコンの表示・非表示を切り替えられるようになります。

オートレイアウト——中身に応じて自動で高さと幅を変更

オートレイアウトは「フレームの高さや幅を中身に応じて変化するようにする」機能です。

> **❶ NOTE**
> オートレイアウトは、若干上級者向けの機能とされているため、難しいときは読み飛ばしても大丈夫です。ただ、オートレイアウトは、本職のデザイナーに限らず、全Figmaユーザの生産性を高めてくれる重要な機能です。ぜひ、一度は触れてみてください。

オートレイアウトの何が嬉しいのか

オートレイアウトを理解するために、オートレイアウトを使用していない、通常のフレームの挙動を見てみましょう。白いフレームの中にグレーの長方形が縦方向に並んでいて、その下へさらにグレーの長方形を追加したい状況を想定してみます。

知っておきたいFigmaの概念 **2.6**

オートレイアウトを使わないと、追加したいグレーの長方形が白いフレームからはみ出るような位置・大きさの場合に、白いフレームの高さや幅を手動で調整する必要があります。

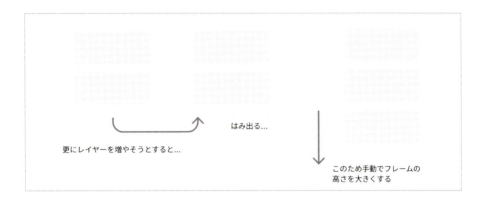

この調整を繰り返し行うのは、中々にストレスです。そんなストレスを解消してくれるのがオートレイアウトです。

> **NOTE**
> 筆者はオートレイアウトがない時代からFigmaを使っているため、オートレイアウトについて説明するたびに、当時のストレスフルな記憶が蘇ります。

オートレイアウトを追加する

それでは、実際にオートレイアウトを追加してみましょう。先ほどの白いフレームを選択した状態で、次図の赤枠部分のアイコンをクリックします。またはフレームを選択しながらshift（Shift）＋Aでも追加できます。

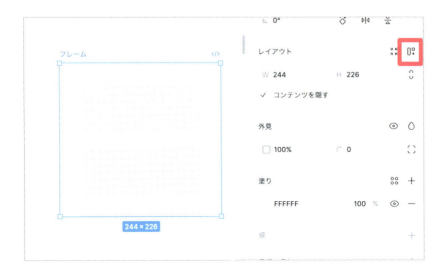

> **❶ NOTE**
> オートレイアウトを追加　shift（Shift）＋A

すると、中身（グレーの長方形の並び）に応じて、白いフレームの高さや幅が瞬時に変わります。また、右のペインには、**オートレイアウト**という項目が現れます。

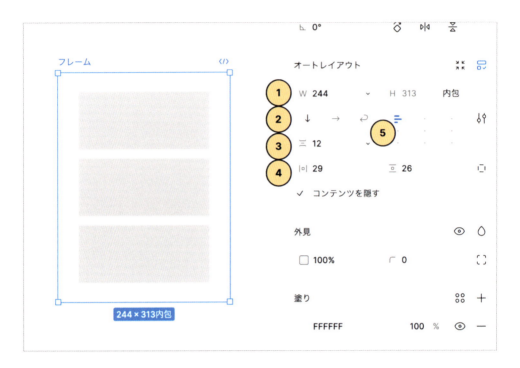

オートレイアウトを追加すると、次の要素を変えられるようになります。

- ①幅・高さを固定の値にするか、内包（中身に応じて変えるか）するか
- ②中身をどの方向（縦・横・折り返し）に流すか
- ③余白（パディング）の値
- ④レイヤー間の間隔
- ⑤配置（天地・左右3通りずつ、計9通りの配置位置）

> **❶ NOTE**
> オートレイアウトを使用したフレームでは、中身は決めた方向にしか流れません。より複雑なレイアウトを実現したい場合は、オートレイアウトのフレームを入れ子にして作っていきます。

> **! NOTE**
> また、オートレイアウトを使用したフレーム内で「これだけはオートレイアウトを無視して表示させたい」という場合もあります。通知のバッジが典型例です。
> バッジのレイヤーを選んで右ペインの「位置」から**オートレイアウトを無視**を選ぶことで実現できます。

バリアブルとスタイル — よく使う色やテキストの書式を再利用する

　バリアブルは、よく使う色や文字書式に名前を付け、再利用できるようにする仕組みです。値を指定できるコンポーネントと考えればと分かりやすいかもしれません。

> **! NOTE**
> バリアブルは日本語では**変数**という意味で、開発者にとっては比較的馴染みのある用語です。開発者ではない方にとっては、ちょっとハードルの高さを感じさせてしまう単語かもしれませんが、実態はそこまで難しくないので積極的に使っていきましょう。

バリアブルの何が嬉しいのか

　「バリアブルがどんな機能なのか？」を説明するより、「どんな嬉しいことを実現できるのか？」を説明した方が、学ぶ意欲が湧くと思うので、まずは簡単な事例を紹介します。バリアブルで嬉しいのは、ズバリ「後から色や、文字書式を変えたくなった時に一気に反映できる」ことです。

　例えば、次のようなデザインのアプリを作っているとします。通常は、アプリの背景色として、16進数のカラーコードが入力されているはずです。

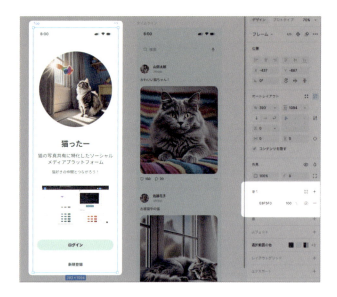

　この背景色は綺麗なので、他の画面でも採用されることになり、カラーコードをコピー＆ペーストして使い回されたとしましょう。このような状況で「背景色を変えよう！」なった場合、どうすればよいでしょうか？　一つ一つレイヤーを選択して、地道に背景色を変えていくしかありません。正直、辛いです。

　こんな時に役立つのが**バリアブル**です。先ほどの背景色（E8F5F0）に、「background-main」（メインの背景色）という名前を付けます。

そして、背景レイヤーの塗りには、16進数のカラーコードの代わりに、この名前を入力します。こうしておけば、背景色を変えたい場合、background-mainの値を変えるだけで、background-mainが使われている場所、すべての色が変わります。

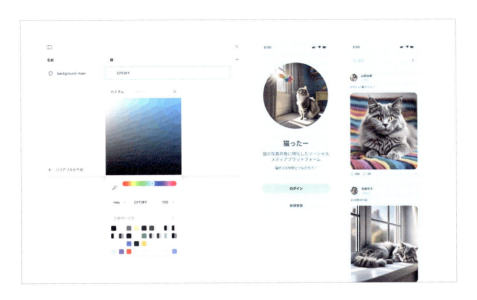

このbackground-mainがバリアブルです。

バリアブルの作成①　コレクションから作成

バリアブルの作成方法は、2種類あります。

一つは**コレクション**から追加する方法です。**コレクション**はバリアブルの一覧表です。次図のようにバリアブルの名前と、その値の組み合わせを確認できます。

バリアブルを作成するには、左下の「バリアブルを作成」をクリックします。すると、値の種類を選択するメニューが表示されます。バリアブルには、次の4種類の値を設定できます。

- **カラー**：背景色や線の色などに使用することができます
- **数値**：角丸の半径や幅、高さ、フォントの大きさなど数値で表現するいたるところに使えます
- **文字列**：テキストの中身やフォントファミリーなどに使えます
- **ブーリアン**：真か偽かを表す値のことで、レイヤーの表示・非表示やブーリアンのプロパティを持ったバリアントなどに使えます

値の種類を選択すると、新しい行が追加されるので、名前と値を書き換えます。これでバリアブルの作成は完了です。

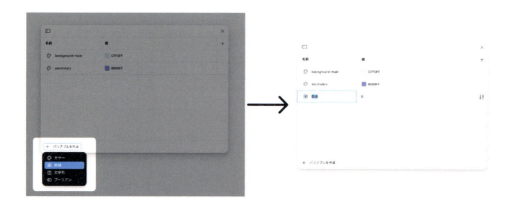

> **! NOTE**
> 「コレクションの一番右側の列にある「＋」はなんだろう？」と思われた方がいらっしゃるかもしれません。ここをクリックすると**モード**を追加できます。
> 「ダークモードの時はこの色、ライトモードの時はこの色」というようにモードに応じてどんな値に変わるかを指定することができます。

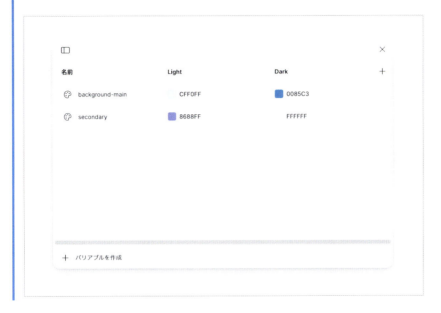

バリアブルの作成②　右ペインのデザイン詳細から作成

バリアブルは、右ペインのデザイン詳細からも作成できます。バリアブルを紐づけたいレイヤーを選択し、右ペインにて次の順番で操作します。

1. 「スタイルとバリアブルを適用」ボタンをクリック
2. 「＋」アイコンをクリック
3. 「名前」と「値」を書き換え、「バリアブルを作成」ボタンをクリック

バリアブルの適用① 色

　作成したバリアブルは、キャンバスのどこかで使ってあげないと意味がありません。バリアブルを紐づけることをFigmaでは「適用する」といいます。バリアブルの種類によって適用方法が少しずつ違うのですが、すべて右ペインから行います。
　色の場合は、次のように操作します。

1. 「スタイルとバリアブルを適用」ボタンをクリック
2. 適用したいバリアブルを選択

バリアブルの適用② 数値

バリアブルを適用したい数値入力欄にカーソルをホバーすると表示される六角形のアイコンをクリックします。すると適用できるバリアブルの一覧が表示されるので、適用したいバリアブルを選択します。

バリアブルの解除

適用したバリアブルを解除したい場合には、カーソルをホバーすると表示される次図のアイコンをクリックすると、値を保ったまま、適用が解除されます。（これ以降、バリアブルの値を変えても、解除したレイヤーの値は変わりません）

文字列専用のバリアブル：スタイル

タイポグラフィー、すなわちフォントファミリーやフォントサイズなど、テキストにまつわる諸々の値をひとまとめに定義できる機能として**スタイル**があります。

スタイルは、バリアブルと似たような手順で作成できます。

1. 「スタイルを適用」アイコンをクリック
2. 「＋」アイコンをクリック
3. 「名前」をつけて「スタイルの作成」ボタンをクリック

よく使う書式は、デザインを制作中に出てくるので、そんな時に便利です。

Column

バリアブル vs. スタイル

バリアブルと**スタイル**という「似ているけれど、違う概念」を解説したので、混乱した読者がいるかもしれません。「なぜ、いまこうなっているのか？」ここでは、その歴史的経緯について説明します。

もともと、Figmaデザインには**スタイル**のみがありました。スタイルは**色**と**タイポグラフィー**だけを登録できる機能でしたが、シンプルが故に、それだけでは足りないユースケースが問題になったのです。それを解決する機能として生まれたのが**バリアブル**でした。バリアブルは色に留まらず、数値やテキストも扱えるため、余白、角丸、幅、高さ、テキストの内容など、様々な場所に応用することができます。

バリアブルは**スタイルの上位互換の機能**と捉えていただき、基本的にはバリアブルを使えば問題ありません。

しかし、一つだけ、スタイルで実現できて、バリアブルで実現できていないことがあります。先ほど紹介した**タイポグラフィーに関する諸々を一まとめに定義する**ことです。フォントファミリーやフォントサイズなど、一つ一つの値にはバリアブルを設定できるものの、**セット**としては扱えません。

いつかはタイポグラフィーもバリアブルとして扱えるようになる気はしていますが、現状では**タイポグラフィーにはスタイルを、色にはバリアブルを**利用する運用がオススメです。

2.7 Figmaデザインの便利なショートカット

ショートカット集の閲覧

　Figmaデザインでは、便利なショートカットをたくさん使えます。利用可能なショートカットは、(おそらくすべて) Figmaデザイン内で確認することができます。

　ショートカット集は、画面右下の「？」をクリックして表示されるメニューから「キーボードショートカット」を選択すると、画面下部に表示されます。control (Ctrl) + shift (Shift) + ? のショートカットでも開けます。

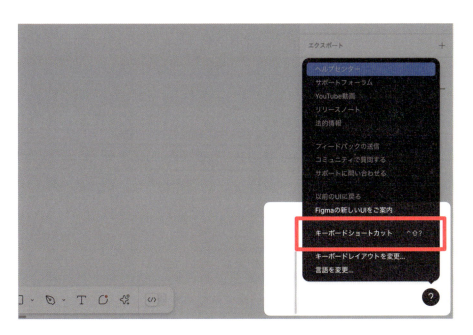

このショートカット集を開けば、いつでもショートカットを確認できるので、ぜひご活用してみてください。ここでは、筆者が多用しているショートカットを厳選して紹介します。

使うツールを切り替える

Fキーを押すと新規フレームを作れる状態になります。Tキーを押すと新規テキストレイヤーを作れる状態になります。

中央ペインまでカーソルを運ぶことなく、ツールをサクサク切り替えられるようになります。

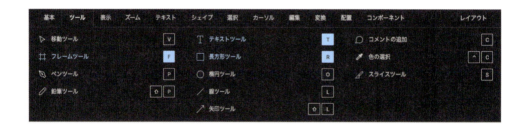

選択しているレイヤーを画像としてクリップボードにコピー

任意のレイヤーを選択してからcommnad（Ctrl）＋shift（Shift）＋Cを押すと、クリップボードに画像として保存されます。

Figmaデザインの便利なショートカット 2.7

　チャットツールや、ブログ記事の文中などにペーストでき、重宝するコマンドです。本書に登場する図の大半はFigmaで作成しています。筆者は、おそらくこのショートカットを200回は実行しています。

オートレイアウトを追加

　任意のレイヤーを選択してからshift（Shift）＋Aを押すと、オートレイアウトを追加することができます。

　オートレイアウトを追加すると、レイヤーは自動的に整列され、間隔も等しくなります。とりあえず整理したい時にも重宝するショートカットです。

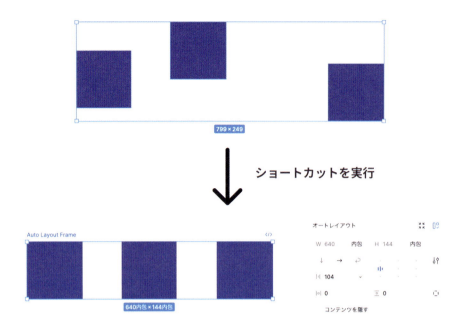

コンポーネントを検索する

shift（Shift）＋Iを押すと、コンポーネントを検索できるダイアログが開きます。左ペインでタブを切り替えることなく、コンポーネントを追加することができます。

ファイル内を検索する

　Figmaデザインではレイヤー名とテキストを対象にキーワード検索を実行し、検索にヒットしたレイヤーをキャンバスに表示させることができます。左ペインから検索アイコンをクリックするか、command（Ctrl）＋Fを押します。次図の右側のように、レイヤーの種類を選択して、絞り込み検索することもできます。

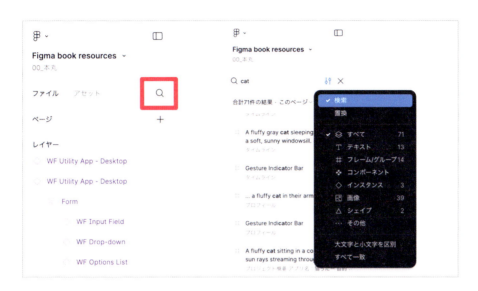

　レイヤー名をきちんと設定していないとうまく検索できないので、注意してください。2.6「AI機能を活用した効率化」の「レイヤー名を自動で名付ける」で紹介した方法を、定期的に実行するのも有効です。

2.8 デザインファイルを整理する

　2章の締めくくりとして「デザインファイルの整理の仕方」について話していきます。Figmaデザインを長く使っていると使途が広がり、デザインファイルの数が増え、ホーム画面から目的のファイルを探しづらくなります。これはFigmaユーザの「あるある」です。本節では、その問題を軽減できるTipsを紹介していきます。

プロジェクトとファイル名の工夫

まず**プロジェクトをきちんと分ける**ことが肝要です。これだけでもファイルの見つけやすさが変わります。

また、プロジェクトのデフォルトの表示順は**最終更新**時刻順です。これはこれで便利なのですが、常に同じ順番で見たい場合は**00**、**01**のような数字をファイル名の先頭に添え、表示順を**アルファベット順**に変更すると良いでしょう。

サムネイルを設定する

意外に大事なのが、**サムネイル**です。

Figmaデザインのデフォルトでは、デザインファイル全体のイメージが縮小され、サムネイルとなります。次の図は、サムネイルを作った例（左）と、サムネイルを作らなかった例（右）です。違いは一目瞭然でしょう。

デザインファイルを整理する 2.8

> **!NOTE**
> サムネイル作成時のテクニックとして、サムネイル右上に、**IN PROGRESS**のようなファイルのステータスを記入しておくと、より見つけやすくなります。

　サムネイルの設定は、サムネイルに使いたいレイヤーを選択して右クリックし「サムネイルとして設定」を選択します。レイヤーを横：縦＝16:9の比率で作ると、いい感じに収まります。

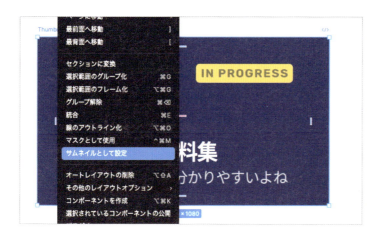

　サムネイルは独自でデザインしても構いませんし、Better File Thumbnailsというプラグインを使えば、それらしいサムネイルをサクッと作れます。

https://www.figma.com/community/plugin/743199058431264556/better-file-thumbnails

85

> **⚠ CAUTION**
> 実は、サムネイルの比率が横：縦＝16:9になったのは、割と最近（2024年10月）の話で、このプラグインはその比率に対応していませんでした。いい感じに収めたい場合は高さを調整してください。

事例 チームの全ての図を一つのFigJamに

　意図してこうなったというより、ズボラなだけという気はするのですが、筆者が所属しているチームでは、プロジェクトのあらゆる資料が一つのFigJamファイルに保存されています。本章で紹介したようなプロダクトデザインだけでなく、リサーチのデザインや開発ロードマップなども含んでおり、全てごちゃ混ぜに保存されています。

　このFigJamごった煮ソリューションが「結構いいな」と感じている理由の一つは**全ての情報が一箇所に集約されている**点です。「保存場所は、ここしかない」と分かっているので、とりあえずこのファイルを開けばどこかしらにあると分かっています。「探しづらいだろう」と思われるかもしれませんが、一度表示倍率を小さくして全体を俯瞰すると「あ、大体この辺だな〜」とあたりがつきます。筆者が所属するチームは発足して1年が経ちますが、いまのところ誰も困っていません（多分）。

整理術のセクションで逆に整理しない一手を紹介しましたが、意外と便利な側面もあります。打ち手の一つとして頭の片隅に入れてみてください。

2.9 まとめ

　Figmaデザインの基本的な使い方を見ていきました。シンプルなUIをしていながらも、他の人とコラボレーションができたり、コンポーネントやバリアブルを始めとした機能たちで効率化ができたり、AI機能による数々の補助があったりと、ちょっとしたデザイン作成から高度な効率化まで幅広く対応できるツールなのではないかと片鱗を感じていただけていたら嬉しいです。

　Figmaデザインのより具体的な使い方の例や、プロトタイプ開発に踏み込んだ話は4章「プロダクトデザインにおけるFigmaデザイン・FigJam」でも紹介するので、そちらもぜひご覧ください。

　次の3章「FigJamの見取り図」では、シンプルでコラボレーションに特化したツールであるFigJamの基本的な使い方を見ていきます。

基礎編

第 **3** 章

FigJamの見取り図

　FigJamはホワイトボードツールで、Figmaデザインと比較してよりシンプルなUIで、複数人でのコラボレーションに特化した機能を提供しています。FigJamは複雑にならないよう慎重に設計されているため、誰でも、直感的に、すぐ触り始められると思います。そういう意味では、とにかく触れていただくのが良いと思っています。本書では、初見では見つけづらい機能や、そもそもUIから使途を読み取りづらい機能を中心に紹介しますので、FigJamに触れるときのお供として、ご活用いただけたらなと思います。

3.1 FigJamの画面構成

　FigJamのUIは三つの部分から構成されています。Figmaデザインと比較すると、左ペイン・右ペインの情報は少な目で、主に中央下ペインで操作します。

1. ファイル・ページ操作
2. ボード以外の操作
3. ボードの操作

　以降では、ペインごとに詳細を解説していきます。

3.2 左ペイン:ファイル・ページ操作

左ペインでは、ファイルやページに関わる、様々な操作を行えます。右の「Page 1」と書かれたアイコンをクリックすると、ページの切り替え及び作成をすることができます。

3.3 右ペイン：コラボレーション機能とAI

右ペインからはスポットライト・タイマーなどのコラボレーションを促進する機能や、AIを使った生成やテンプレートなどの便利な機能が集まっています。

①	マルチプレイヤーツール	スポットライトや通話など複数人で同時に操作する時に便利な機能が使えます
②	生成AI	生成AIによって入力したプロンプトに応じてテンプレートを生成することができます
③	テンプレート	コミュニティにあるテンプレートを探して追加することができます
④	コメント	コメントを残したり閲覧したりできます
⑤	タイマー、音楽、投票	タイマーの設定や音楽を流したり、投票セッションを開いたりすることができます
⑥	共有	FigJamファイルの共有ができます

　コメントについてはFigmaデザインと同じ使用感なので説明を省きます。以降では、それ以外の機能について解説していきます。

マルチプレイヤーツール：スポットライトと通話

　自分のアイコンを押すとドロップダウンが出てきてスポットライト機能を使うことができます。こちらをクリックすると、同じFigJamを開いているユーザにその場で通知が行き、フォローをすると自動であなたの画面が見ている範囲を追従するようになります。

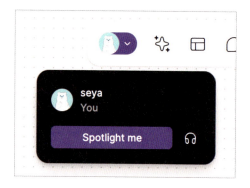

　ヘッドフォンのアイコンをクリックすると、そのユーザと音声通話できます。筆者はFigJamを使った会議をする時、別のオンライン会議ツールを使います。Figmaの通話機能を使ったことはありませんが、突発的に会話を始めたくなった時に便利かもしれません。

生成AI

　プロンプトを入力することで、会議の目的に応じた便利なテンプレートを生成することができます。サジェストに表示される通り、マインドマップやタイムラインなど様々なフォーマットのテンプレートを生成してくれます。

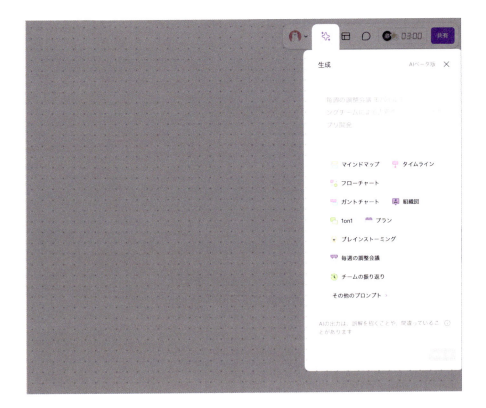

　試しに振り返りミーティングのテンプレートを生成してもらいました。英語で生成されてしまいますが、そのまま使えるクオリティです。生成AIで必要なテンプレートをすぐに作れるのは大変便利です。ぜひ活用していきましょう。

第3章 | FigJamの見取り図

> **!NOTE**
> 次に紹介する**テンプレート**を使うと、Figma社やFigmaコミュニティが作成したテンプレートを利用できます。

テンプレート

テンプレートをクリックすると、次の図のようなモーダルが表示されます。

92

使いたいテンプレートを見つけたら、カーソルをホバーして「テンプレートを追加する」を
クリックすると、テンプレートがボード上に追加されます。

ちなみに、日本語のテンプレートは多くないため、検索する時は英語で検索した方がヒッ
トしやすいです。英語が苦手な方は、生成AIに翻訳してもらうと良いでしょう。

タイマー、音楽、投票

会議を盛り上げるのに役立つ、便利な機能が集まっています。

第3章 | FigJamの見取り図

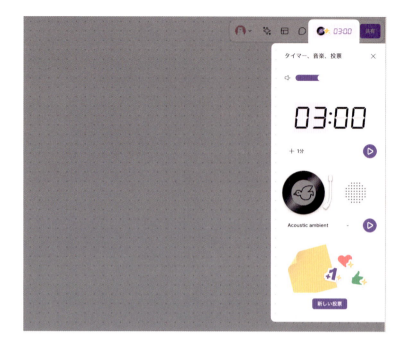

「タイマーを開始」ボタンを押すと、指定された時間からカウントダウンが始まり、タイマーが00:00になるとアラーム音が鳴ります。音量は調整できますが、しっかりとした音が鳴るのでご注意ください。

制限時間を設けて、話したり、考えたりする時に便利な機能です。

ブレインストーミングや振り返りの記入タイムは、場が「シーン」となりがちです。そんなときは「音楽を開始」ボタンを押すとBGMを鳴らすことができます。ドロップダウンでは曲調を切り替えることができます。どれを選んでも、音楽はエンドレスで流れます。「えっ、FigJamってこんな機能あるんですか（笑）」と盛り上がること請け合いです。

> ⚠ CAUTION
> BGMは自分の環境だけでなく、参加者の環境でも流れます。事前の説明なく使うと迷惑がかかるかもしれませんので、ご注意ください。

　プロフェッショナルプラン以上を使っているチームでは、「新しい投票」ボタンを押すと、FigJamを見ているメンバーが、ボードに配置された要素に対して投票していく（スタンプを押せる）UIに変わります。

　投票機能を使うとFigJamを見ているユーザが各自付箋に投票していく（スタンプを押す）UIに変わります。

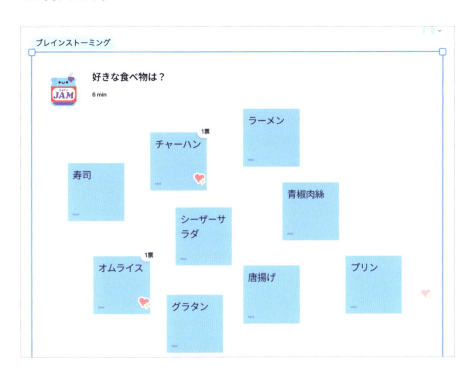

　投票を終了すると、チームメンバーの投票結果を確認できます。投票数の多い順に見ることができます。下記例は私一人の投票なので寂しい感じではありますが、実際にチームで使うと、メンバーの意思が可視化され、投票数が多い順に話題にしていくなどの進行が可能です。これは、ブレインストーミングの際に中々便利です。

第3章 | FigJamの見取り図

共有のオープンセッション

　Figmaデザインの共有機能とほとんど同じですが、FigJamの共有には**オープンセッション**があります。

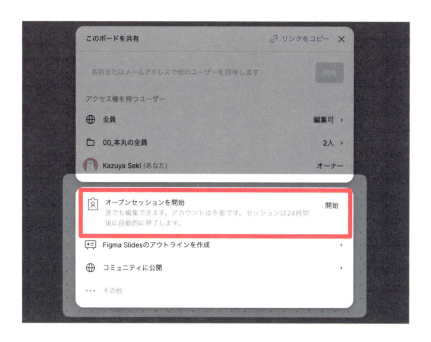

　オープンセッションは24時間限定でFigJamボードを公開する仕組みです。通常の共有とは次の2点が異なり、注意が必要です。

- オープンセッションへのビジターの招待は、チームの請求額に影響しない
- Figmaのアカウントがない人も操作できる

通常のチーム業務では必要性を感じないかもしれませんが、より開かれた場でFigJamを活用していく時に非常に便利です。

3.4 中央ペイン ― ボード編集に関するツール

中央ペインには、ボード編集に関わるツールが集まっています。

①	選択ツール/手のひらツール	デフォルトでは選択ツールがオブジェクトの選択や移動ができます。手のひらツールを選ぶと画面をドラッグできるようになります。
②	マーカー/ペンツール	マーカーやペンツールでフリースタイルで線を描けます
③	付箋	付箋を貼ることができます
④	シェイプとコネクター	円や四角など様々な形のシェイプ(図形)や、コネクターでオブジェクトとオブジェクトを結ぶ矢印を作ることができます
⑤	テキスト	テキストを書けます
⑥	セクション	セクションの作成ができます
⑦	テーブル	表形式のテーブルの作成ができます
⑧	スタンプ/リアクション	スタンプをつけたり、リアクションを実行できます
⑨	コミュニティリソース	ステッカーやテンプレートを使ったり、プラグインやウィジェットを実行したりできます。

選択ツール・手のひらツール

選択ツールと手のひらツールを切り替えられます。

> **! NOTE**
> 選択ツールを選んだ状態でスペースキーを押すと、キーを押している間だけ、手のひらツールに持ち替えられるのは、Figmaデザインと同じです。

ペンツール

色や線の太さなどを指定して、ボードにフリーハンドで描くことができます。

和紙テープは、ボードに紙テープを貼る機能です。元は、2022年のエイプリルフールにリリースされたジョーク機能だったのですが、根強い人気のためか標準機能になりました。ちょっとしたワンポイントに使ったり、セクションのタイトルなどで活用できそうです。

中央ペイン—ボード編集に関するツール 3.4

付箋

　付箋は、ボードにテキストを入力できるボックスを作成する機能で、筆者の利用頻度が最も高い機能です。色やテキストサイズ、フォントなどを変えて付箋を追加していくことができます。付箋を選択すると上の方に様々な設定を行えるツールバーが表示され、付箋の色や文字色、文字サイズ、タイプフェース（シンプル、フォーマルなどフォントのもつ雰囲気のこと）を指定したり、太字、取り消し線、箇条書きリストなど、かんたんな装飾を行ったりすることができます。

① 色	付箋の背景色を選択できます
② タイプフェース	フォントのスタイルをシンプル/フォーマル/テクニカル/キュートの中から選べます
③ フォントサイズ	フォントのサイズを小/中/大から選んだり具体的な値を指定することができます
④ 太字	太字のON/OFFを切り替えることができます
⑤ 取り消し線	中のテキストに取り消し線を加えることができます
⑥ リンク	中のテキストにリンクを付与することができます
⑦ 箇条書きリスト	中のテキストを箇条書きのリストにします
⑧ 作成者を表示/非表示	付箋の作成者の名前を付箋の左下に表示するかどうかを切り替えられます

　付箋には**署名**として、付箋を作成したユーザーのユーザー名が自動的に記録されます。署名はデフォルトで、付箋の左下に表示されます。振り返りなどに付箋を使うと「では、この付箋を書いた〇〇さん〜」と話を振れて便利です。署名の表示・非表示は、上記の⑧で切り替えられますが、基本的にはチームメンバー全員がオンにしてあることが望ましいでしょう。

　注意点として、他の人の署名が入った付箋を複製すると、元の人の署名のまま残ります。変えることはできないようなので、作るときはコピー＆ペーストに頼らず、新規作成しましょう。付箋を新規作成する方法には、次の二つの方法があります。

- 中央ペインからドラッグ＆ドロップする
- ボード上に配置済みの付箋の周りにカーソルをホバーすると表示される「＋」ボタンをクリックする

中央ペイン―ボード編集に関するツール 3.4

AI機能で自動で付箋のグルーピング

　ボードに付箋をたくさん並べたあと、グルーピングする作業をすることがあるのですが、地味に手間がかかります。そんなときは、FigJamのAI機能を使うと、いい感じにグルーピングしてもらえます。　整理したい付箋たち、もしくは付箋たちを含んだセクションを選択すると表示されるツールバーから「整理」→「付箋の並び替え基準」→「トピック」と選択します。

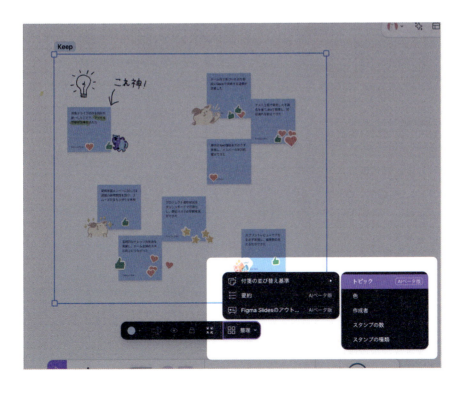

すると、次図のように内容のニュアンスを汲み取り、適切な名前を付けたセクションでグルーピングしてくれます。素晴らしいです。

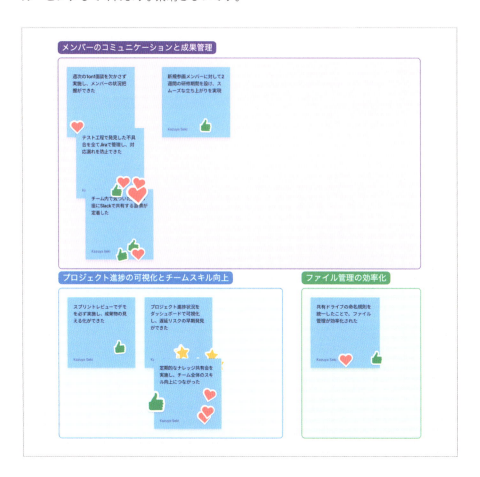

シェイプ（図形）とコネクター

ボードには、様々な形のシェイプ（図形）を配置することができます。シェイプの中にはテキストを入力できます。デフォルトで使えるシェイプの一部を次図でまとめます。

　シェイプや付箋を線や矢印でつなぎ、関係性を表す役割を担うのが**コネクター**です。コネクターはシェイプや付箋を移動した時もちゃんと追従してくれます。

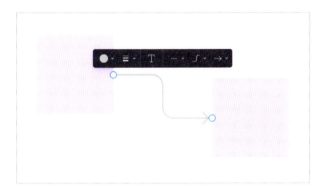

テキスト

　ボード上にテキストを入力し、編集したり、単純な書式を設定したりすることができます。

セクション

シェイプや付箋などボード上の要素をグループ化する**セクション**を作ることができます。例えば、タスク管理ボードをFigJamで描く場合、「Todo」「Doing」「Done」という三つのセクションに区切ります。

テーブル

表組みを作成することができます。

テーブルの背景色はセル毎に変更できます。各列の上、各行の左あたりにカーソルをホバーすると「＝」が表示されます。「＝」をクリックすると、列全体、行全体を選択できます。各列の境界線の上、各行の境界線の左あたりにカーソルをホバーすると「＋」が表示されます。「＋」をクリックすると、列、行を追加できます。表を右クリックして表示されるメニューで「選択内容をエクスポート」を選ぶと、様々な形式で表を書き出すことができます。CSVを選べば、表計算ソフトへデータを移すこともできます。

逆に、エクセルやスプレッドシートなどのセルをコピーしてFigJam上でペーストするとテーブルになります。

　書式はセル毎に設定もすることも可能ですし、特定の1文字だけを選択して設定することもできます。

リアクション&スタンプ

　ボード上の要素にスタンプを押して自分の意思を伝えたり、リアクションを使って自分の感情を共有することができます。**スタンプ**をクリックすると、次のようなパレットが出現します。パレット中央にある二つのボタンでリアクションとスタンプを切り替えることができます。

1. リアクション
2. スタンプ

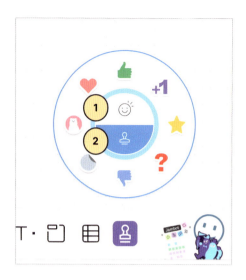

スタンプ（次図のグッドや、ハート）は、一度押すとボード上に残ります。また、付箋やシェイプ、テーブルに重なるように押すと、それらに追従して移動するようになります。

一方、リアクション（次図の炎）は、マウスをクリックしている間、選択した図柄のスタンプを放出し続け、徐々に消えてなくなります。

どちらもうまく活用して、コラボレーションを円滑化していきましょう。

> **! NOTE**
> スタンプを押す時に長押しすると、段々スタンプが大きくなります。より大きな感情を表現したい時に有効です。

Column

FigJam にしかないオブジェクトを Figma デザインで使う方法

次のオブジェクトは FigJam にしか存在せず、「Figma デザインでも使いたいな」という気持ちになることがあります。

- コネクター
- テーブル
- 付箋
- スタンプ
- ステッカー

特にコネクターは、Figma ユーザーからの搭載要望が多いオブジェクトです。実は、いずれも Figma デザインで使う方法があります。その方法とは…**コピー&ペースト**です！

次図は、FigJam のコネクターをコピー&ペーストで Figma デザインに持ってきた例です。右ペインでプロパティを編集できることが見て取れます。

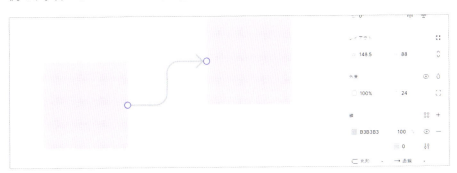

> **❶ NOTE**
> Figmaデザイン上のコネクターに関しては、みんな欲しいからか、専用のプラグインがいくつかあります。筆者は**Simpleflow**というプラグインを使っています。
>
>
>
> https://www.figma.com/community/plugin/751821593330638172/simpleflow
>
> できればFigma社が、Figmaデザインでサポートしてくれる形が理想ですが、FigmaデザインのUIをシンプルに保ちたいのかなという気もしています。FigmaデザインでFigJam固有のオブジェクトを使いたい場合は、コピペメソッドを覚えておきましょう。

コミュニティリソース

コミュニティでは、ステッカーやテンプレート、ウィジェット、プラグインなどを探して利用することができます。

プラグインやウィジェットについては第2章でも紹介したので、ここでは省略します。一方、FigJamだけにしか存在せず、筆者が重要だと思うのは**ステッカー**です。
　ステッカーはスタンプと違い、決まった形がありません。Figma社やFigmaコミュニティーが公開するリソースをダウンロードしてボードへ追加できます。筆者は、猫のステッカーがかわいいので、愛用しています。

　FigJamは、Figmaデザインと同様に、コンポーネントのライブラリを読み込むことができます。これを活用して独自ステッカー集を作ることができます。組織やチーム独自の写真やイラストを詰め込んだステッカーパックを作ると、存外盛り上がります。ぜひ試してみてください。

3.5 FigJamで会議を盛り上げる

　筆者は、組織にとって**会議が楽しい**ということは、重要なことではないかと考えています。

　FigJamでミーティングをするということは、基本的にリモートワークが多いのでしょう。読者のみなさんも経験されたことがあると思いますが、リモートミーティングは基本的に盛り上がりません。対面のミーティングと比べると、ノンバーバルな情報を得られず、感情の共有が起こりづらく、どうしても淡々としたミーティングになってしまうのです。

　ですが、せっかく開く会議なら、楽しい方が良いですよね。会議の進行役であるファシリテーターは、会議の冒頭の雰囲気をポジティブなものにするために全力を尽くすと言われています。ファシリテーターほどのスキルがなくても、FigJamを使えば、ミーティングの場をポジティブに変えられるはずです。

　というわけで、以降では筆者が過去に試し、

- これはミーティングを盛り上げるのに貢献したな
- これは参加者にウケた。テッパンだわ

という実感を得られたFigJamのワザやテクニックを紹介していきます。

スタンプとリアクション、ステッカー職人になろう

　まず基礎の挙動として、スタンプやリアクションは積極的に使っていきましょう。これがいっぱいついているだけでも気持ちが変わります。

FigJamで会議を盛り上げる 3.5

バーチャルハイタッチをする

　FigJamでは、**H**キーを長押しすると、カーソルが巨大な手に変わります。そして同じ状態のコラボレーターの人のカーソルと重ね合わせると…、なんと、ボード上でハイタッチが起こります！

　初めてこの機能を知った人のテンションは間違いなく上がります。ぜひ試してみてください。

> **⚠ CAUTION**
> なお、ハイタッチは2回目以降になると、ウケが悪くなります。ご注意ください

おもしろウィジェットを設置しておく

　FigJamには、利便性はないものの、FigJamを介して集まるコラボレーターたちが楽しくなるようなウィジェットが多数あります。

　なかでも有名なのは **PhotoBooth** というウィジェットです。このウィジェットを追加すると、ボード上にポラロイドカメラが出現します。カメラ左上の赤い撮影ボタンを押すと、本当にWebカメラを使って撮影が行われ、撮影された写真がボード上に表示されます。

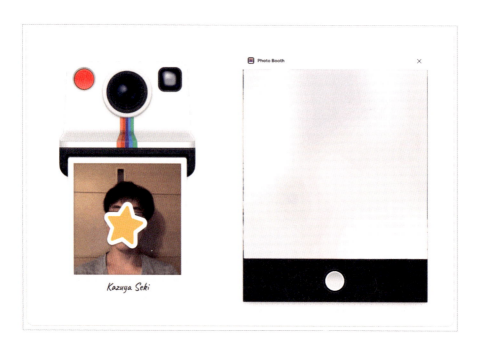

「この写真をそれぞれ撮ってアイスブレイクに」という使い方が可能です。

カーソルチャットで会話する

　/キーを押すと、カーソルに合わせてチャット枠が表示されるので、そこにメッセージを入力してコラボレーターに見せることができます。このメッセージはカーソルを動かすと、それを追うようについてきますが、クリックすると消えます。コメントのように残らないため、手軽にメッセージを送り合うことができます。

3.6 FigJamのショートカット

　Figmaデザインと同様に、FigJamにも様々なショートカットがあります。ショートカットの一覧はFigJam内で開くことができます。

　Figmaデザインと同じですが、ショートカット一覧は、ボードの右下にある「?」をクリックして表示されるメニューから「キーボードショートカット」を選択すると、表示されます。もしくはcontrol（Ctrl）＋shift（Shift）＋?のショートカットでも開けます。

　FigJamのショートカットは、Figmaデザインのショートカットとほぼ同じです。付箋やコネクターなどFigJamのみに存在し、多用する機能は、ショートカットを覚えておくことで作業が捗ります。

- **S**キーを押すと、付箋を追加する状態になる
- **X**キーを押すと、コネクターを追加する状態になる

3.7 まとめ

　本章では、FigJamの基本的な機能を一通り見てきました。

　FigJamはシンプルなホワイトボードツールですが、コラボレーションを円滑にするためのステッカーやリアクションなどの機能が充実しているところが、他の競合ツールと比較した時の魅力と感じています。競合ツールと明らかな機能差がない分、こういったFigma社の遊び心に親近感を覚えますし、日々FigJamを使っていて、会議の楽しさにも貢献してくれているんじゃないかなと感じています。

　Figmaデザイン、FigJamの基本的な機能を見てきたところで、次は最後のファイル形式であるFigma Slidesの解説…ではありません。先に**実践編**と称して、プロダクトデザインやアプリ開発などの文脈におけるFigmaデザインやFigJamの使い方を見ていきます。Figma Slidesについて先に知りたい方は6章「Figma デザイン＆Figma Slidesでコラボラティブなスライドをつくる」に進んでください。

　それでは、より実践的なFigmaデザイン、FigJamの使い方を見ていきましょう！

実践編

第4章

プロダクトデザインにおけるFigmaデザイン・FigJam

この章では、ソフトウェアプロダクト開発において「UIデザインを作る」以外の場面で、FigmaデザインとFigJamがどのように活用できるのかを探っていきます。

デザインというと、**UIデザイン**つまり、最終プロダクトのUIを作ることをイメージしがちです。ですが、そのUIデザインをする前の段階として「課題の特定」と「解決策の検証」という重要なプロセスがあり、これもまた**デザイン**という活動の一部です。こうしたデザインプロセス全体を支えるFigmaデザイン、FigJamの使い方を見ていきましょう。

4.1 "デザイン"は見た目だけではない：デザインのダブルダイヤモンド

プロダクト開発におけるプロセスを視覚化するフレームワークに、**デザインのダブルダイヤモンド**があります。

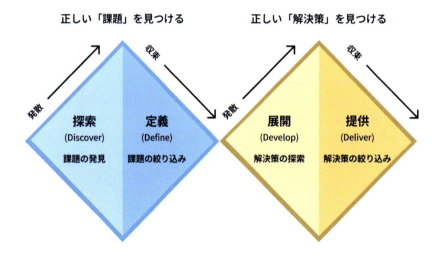

この図では、プロダクト開発を大きく4つのフェーズに分けています。

1. **課題の発見**：ユーザーインタビューや市場調査などを通じて、ユーザーの抱える課題やニーズを深く理解する
2. **課題の絞り込み**：発見した課題の中から、プロダクトで解決すべきものを明確に定義する
3. **解決策の探索**：定義した課題に対する解決策を、ブレインストーミングやプロトタイピングなどを通じて、多角的に検討し、具体的なアイデアを創出する
4. **解決策の絞り込み**：開発した解決策を、実装、テストを経て、ユーザーに提供する

多くの人が「デザイン」と聞いてイメージするのは、4番目の「解決策の提供」フェーズ、つまり実装されるUIデザインの制作なのではないでしょうか？　しかし、ユーザーにとって本当に価値のあるプロダクトを生み出すためには、その前段階の1〜3番目のフェーズも非常に重要です。

FigmaデザインとFigJamは、これら全てのフェーズに対して貢献することができ、それらをシームレスに繋げるデザインツールです。本章ではそんな各フェーズで活かせる具体的な活用例を紹介していきます。

> **NOTE**
> 本章では、架空のプロダクトとして**猫の写真を共有できるSNS「猫ったー」**を作っていきます。

4.2 プロダクト要件とユーザーストーリーマップ

　まずは、「どんなプロダクトを作っていきたいのか」を具体化する試みから始めます。

プロダクト要件を書く

　プロダクト要件のようなドキュメントの記述はFigmaデザインはあまり向いていないと考えています。ですが、プロダクト要件の前段としてマインドマップを活用したり、ドキュメントとFigmaのデザインを相互に参照し合う工夫などは有効なため、それらについて紹介していきます。

マインドマップでプロダクト要件を考える

　猫の写真を共有できるSNS「猫ったー」の**コンセプト**や**ターゲットユーザー**、**主要機能**、**差別化ポイント**、**収益モデル**、**開発ロードマップ**などを、FigJamの**マインドマップ**を使って検討します。

　マインドマップは、人間の自然な思考の流れに沿ったノートテイキング技法です。頭の中で考えていることが「見える化」されるため、考え続けることにストレスを感じづらくなります。また、全体を見渡すことができるので、思考の整理、アイデア発想などに力を発揮します。FigJamを使えば、チームで意見交換を重ねながら、手軽にマインドマップを描けます。

　マインドマップは、キーワードをツリー状、または放射状に並べ、関連するキーワード同士を線でつなぐことで描きます。FigJamで描いてみましょう。中央ペインのシェイプ（図形）をクリックして「マインドマップ」を選択します。すると、4つのキーワードがツリー状につながったマインドマップが表示されますキーワードはダブルクリックすると変更できます。また、テキストと同様に色やサイズを変更できます。

キーワードを追加したり、削除したりするには、ショートカットを使うのが便利です。

- キーワードをクリックし、control + return（Ctrl + Enter）キーを押すと、子のキーワードを追加できます
- キーワードをクリックし、control + shift + retrun（Ctrl + Shift + Enter）キーを押すと、兄弟のキーワードを追加できます
- キーワードを選択し、delete（Del）キーを押すを削除できます（子のキーワードを持つ場合は、子のキーワードごと削除されます）

FigJamのスタンプを添えると、プロダクトのイメージを伝えやすくなるでしょう。

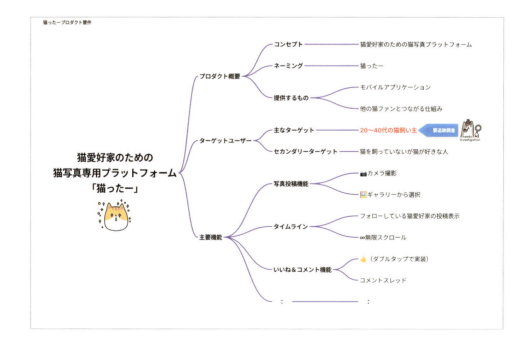

Notionでプロダクト要件を書く

　FigJamで描いたマインドマップを元に、外部のドキュメント作成ツールを使ってプロダクト要件をまとめます。ここではFigmaとの連携が優秀なNotion（https://www.notion.com/ja）を使ってみます。

> **❶ NOTE**
> 　Notionの使い方の詳細は、公式ヘルプ（https://www.notion.com/ja/help）をご覧ください。

プロダクト要件へのリンクをキャンバスに設置する

　プロダクト要件をまとめ終えたら、Figmaデザインからアクセスできるようにしておきましょう。Notionへのリンクをキャンバスへ配置します。

　このとき、一度FigJamにURLをコピー＆ペーストすると、いい感じにスタイリングされたリンクに変換してくれます。このリンクをFigmaデザインに配置します。

プロダクト要件などの仕様書は基本的に非公開ですから、恩恵を感じることは少ないかも知れませんが、公開されているドキュメントであれば、サムネイルやタイトルが表示され、確認意欲を刺激してくれます。

NotionにFigmaデザインへのプレビュー付きリンクを設置する

続いて、Notionのプロダクト要件に、デザインファイルへのリンクを設置して、紐付けを強くしましょう。

デザインファイルへのリンクをコピーし、Notionのドキュメント内へペーストします。

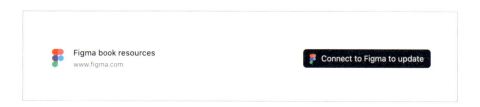

「Connect to Figma to Update」というボタンを押すと、NotionにFigmaをプレビューする権限を渡すことができます。（この操作を行わなくても、リンクとしては機能しています。）「アクセスを許可」を押してみましょう。

そうするとデザインファイルのプレビュー付きリンクに変わります。プレビューは、リンクを作る時にフレームを選択していたらそのフレームが、そうでなかったら全体が表示されます。

NotionにFigmaデザインへの埋め込み型リンクを設置する

Notionでは**埋め込み**型のリンクを作成することもできます。Notionのブロック（テキストボックスのようなものです）で**/embed**と入力してreturn（Enter）キーを押します。パネルのテキストボックスへコピーしたリンクをペーストし、「Embed link」をクリックします。すると、グリグリと動かして閲覧できる「埋め込み型のリンク」を作成できます。

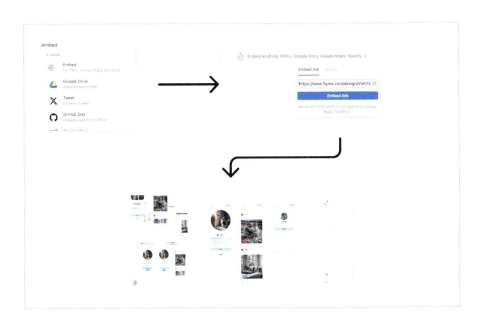

> **! CAUTION**
> 埋め込み型のリンクは閲覧のみ可能です。デザインファイルを編集することはできません。

ユーザーストーリーマップを描く

次にFigJamを用いて**ユーザーストーリーマップ**を描いてみましょう。

ユーザーストーリーマップはユーザーの行動をストーリーとして捉え、ユーザーの行動を時系列や優先度に基づいて配置した図です。ユーザーストーリーマップは、ユーザーの行動やゴールを視覚的に整理できるので、プロダクトの機能や実装の優先順位を決定するのに役立ちます。

ユーザーストーリーマップはプロダクト開発の初期に描くと特に効果的です。「自分たちが作るプロダクトが無理なストーリーに基づいていないか？」を確かめたり、チームがどんな課題を解こうとしているかという共通認識を持ちやすくなるなどのメリットを得られます。

ユーザーストーリーマップを描く過程では、次のようにユーザーがたどるステップを時系列順に想定し、そこから必要になる機能を洗い出します。

- アクティビティ：ユーザーが達成したいゴール
- ステップ：アクティビティを完了するまでのステップ
- 詳細：各ステップを実現するために必要な機能、あるといい機能

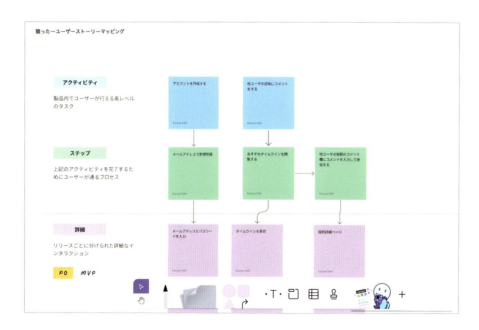

このように時間を横軸に、ユーザーの行動（アクティビティ）、提供したい価値、提供したい機能などを縦軸に並べていきます。

ユーザーストーリーマップの概要をつかめたら、実際に描いてみましょう。真っ白な

FigJamに付箋をペタペタ貼ってもいいのですが、FigJamには便利なテンプレートがたくさんあります。
テンプレートを活用して描いてみましょう。

> **NOTE**
> ユーザーストーリーマッピング以外にも、カスタマージャーニーマップ、ペルソナ、ムードボードなど、有名なフレームワークについては、テンプレートが揃っています。

　FigJamの中央ペインの「＋」からアクションメニューを開き、「User Story Mapping」でキーワード検索します。（日本語だとヒットしないので英語で入力する必要があります。）すると、検索結果に"Story mapping"というFigma社が提供しているテンプレートが見つかります。カーソルをホバーして「テンプレートを追加する」をクリックすると、ユーザーストーリーマップのテンプレートが挿入されます。

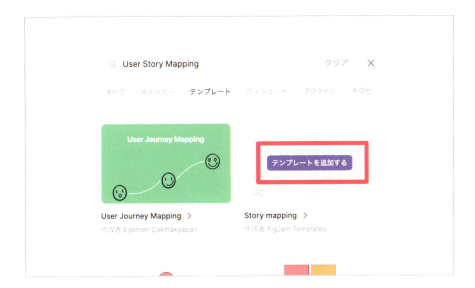

　作りたいサービスのユーザーアクティビティを考え、それらをステップに分解し、機能を洗い出して作っていきましょう。

4.3 プロトタイプとは

プロトタイプは、プロダクトを本腰入れて作る前に作る試作品のことです。チームメンバー、想定するユーザーなどにプロトタイプを試してもらうことで、UIの使い勝手や、ユーザーストーリーの妥当性を、より具体的に検証することができます。プロダクトを実装してリリースするには、時間がかかります。時間をかけてリリースした機能が、ユーザーにとって微妙だと、時間的にも、プロダクトの質的にも損失を抱えることになってしまいます。そこで、簡易に・素早く作るプロトタイプを使うことで

- 実際にユーザーの役に立つか
- 使い勝手に問題がないか

などを確認し、不確実性を減らしてゆくことがプロダクト開発において重要です。

プロトタイプは「一回作ったら終わり」というものではありません。繰り返しフィードバックを受けながら、改善と具体化を図っていきます。

そのため、プロトタイプと一口に言っても、プロダクト開発のどの段階で作るかによって、その意味は大きく変わります。最初はアナログの紙に手描きすることから始まるかもしれません。もう少し開発が進むと、デジタルツールでワイヤーフレームを描いてみることもあります。さらに開発が進むと、インタラクションをつけることもあります。

狭義のプロトタイプと広義のプロトタイプ

上記のように、プロトタイプを「プロダクト開発プロセスの任意の段階で作成される検証用のUI全般」と捉えた場合、ワイヤーフレームもインタラクションのついたプロトタイプも、プロトタイプの一種と見なせます。このような文脈におけるプロトタイプを、本書では**広義のプロトタイプ**と呼ぶことにします。

一方、Figmaデザインでいうところの「プロトタイプ」は、本番さながらのテキストや写真が入り、インタラクションも付いたプロトタイプを意味しています。このような文脈におけるプロトタイプを、本書では**狭義のプロトタイプ**と呼ぶことにします。

なお、いちいち「狭義の」「広義の」と付けるのは煩雑なため、本書では次の方針で「プロトタイプ」という用語を使います。

- 本節「プロトタイプとは」におけるプロトタイプは「広義のプロトタイプ」を指す
- 本節以外の部分におけるプロトタイプは「狭義のプロトタイプ」を指す

プロタイプの"忠実度"と制作時間

　プロトタイプには**忠実度**という尺度があります。「最終的なプロダクトに対して、どれだけ近しいか、忠実であるか」を示す尺度です。尺度といっても数値で「忠実度：〇〇パーセント」と表す訳ではありません。一般的には**低忠実度**と**高忠実度**の二つに分けて語られることが多いです。

　忠実度は英語で"fidelty"といいます。このためlo-fi（ローファイ：低忠実度）プロトタイプ、hi-fi（ハイファイ：高忠実度）プロトタイプのような呼ばれ方をします。覚えておくと他の記事や書籍などで見かけた時にすんなり理解しやすいかもしれません。

低忠実度(lo-fi)

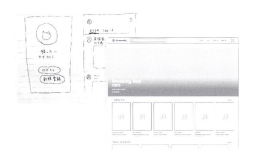

高忠実度(hi-fi)

　低忠実度プロトタイプの最たる例は、紙に手描きするラフイメージです。最初は紙でラフに書いてみるのが一番サクッと始められて良いでしょう。

次に**ワイヤーフレーム**があります。具体的なコンテンツ（テキストや画像）などは作らず、UIの骨格だけを表した図を描きます。

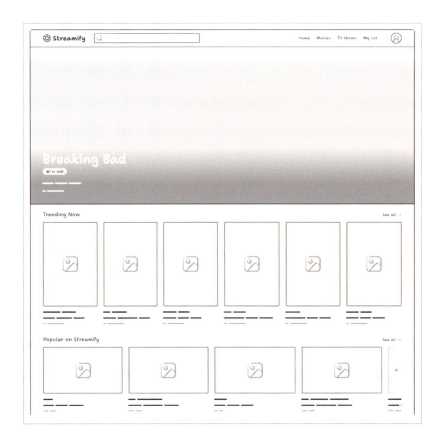

ここまでは**低忠実度プロトタイプ**と呼ばれることが多いです。

これ以降に作るプロトタイプでは、テキストを入れたり、写真を入れたり、インタラクションを設定したりしながら、忠実度を高めていきます。忠実度を高めながら、ユーザーへ提供する価値を繰り返し検証することで不確実性を減らし、プロダクトデザイン・開発を進めることができます。このように忠実度を高める過程で大活躍するのが、Figmaデザインのプロトタイプ機能です。Figmaデザインでいうプロトタイプは、**高忠実度プロトタイプ**です。

> ⚠ CAUTION
>
> プロトタイプ自体はユーザーに価値を提供しません。プロトタイプの目的はあくまでも「検証すること」です。そのため、なるべく少ない時間で作れるに越したことはありません。ですが、高忠実度のプロトタイプを開発するには、時間がかかるというジレンマを抱えていました。ここにFigmaのプロトタイプ機能や、数々のテンプレート、コンポーネントライブラリなどの機能、AI機能などが役立ちます。これらの素晴らしい機能により、忠実度の高いプロトタイプを短時間で作成することができるのです。本章の後半ではこれらの機能を活用してプロトタイプを作っていく方法を見ていきましょう。

4.4 ワイヤーフレームを自力で作る

　ワイヤーフレームは、画面のレイアウトや要素の配置、情報設計などを、線や図形を使って簡略化して表現したものです。ワイヤーフレームを作ることで、UIの骨組みを早期に検討し、画面遷移やユーザーフローなどを効率的に検証することができます。一方Figmaではより高機能なプロトタイプも高速に作れるようになっているので、ワイヤーフレームは必須という訳ではないのですが、初めて作るパターンのUIなど骨格レベルからしっかり検証していきたいデザインには依然有用です。

　Figmaデザインを開き、「猫ったー」のトップページのワイヤーフレームを作ってみましょう。

　始めにフレームを設置します。フレームツールを選択すると右ペインに様々なサイズのテンプレートが表示されます。

> **❗ NOTE**
> **フレームツールを選択　F**

　「猫ったー」はスマホで使われることを想定しているため、デバイスは「iPhone 16」を選んでみます。

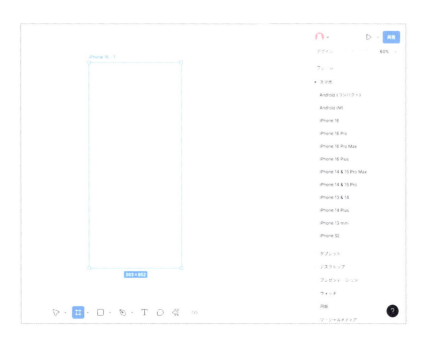

トップページには、次のような要素が必要です。

- キービジュアル
- アプリ名
- タグライン（企業、商品、サービスの価値や想いを端的に表現した、短いフレーズ
- ログイン/会員登録ボタン

ワイヤーフレームでとりあえずの見た目を表現する時には、シェイプツールが役立ちます。キービジュアルは「円」で表すことにします。「円」は、「楕円」シェイプではなく、「長方形」シェイプで描くのが筆者の流儀です。長方形のレイヤーを作ったら、**外見**の**角丸**に、大きな値（一辺の長さの半分よりも大きな値であれば円になります）を設定してください。これで円を描けます。

> **❶ NOTE**
> 長方形ツールを選択　R

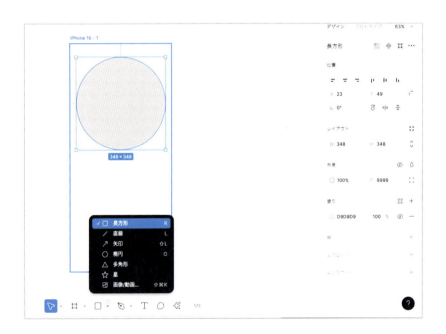

次にタイトルやタグラインを足してみます。ワイヤーフレームとはいえ、長方形で済ましてしまうと何を作っているか分からなくなってしまうので、テキストツールを選び、テキストを入力してみましょう。

> **❶ NOTE**
> テキストツールを選択　T

テキストレイヤーの文字の大きさやスタイル（太くするかイタリックにするかなど）は右ペインの**タイポグラフィー**のセクションから変更することができます。

最後に、ログインボタンと会員登録ボタンを設置してみます。ボタンの中にはテキストを入れたいので、ここでは「長方形」ではなく「フレーム」を使います。フレームを設置して横長の形にし、**外見**から**角丸**の値を設定し、**塗り**をクリックして色を**DDDDDD**というグレーにしてみます。

次にテキストレイヤーを作ってフレームの中に入れます。フレームの中に入れるにはテキストレイヤーをキャンバス上でドラッグしてフレームに重ね、ドロップします。左ペインの「レイヤー」パネルでフレーム内に入れることも可能です。

以上、非常にシンプルなやり方ですがワイヤーフレームの作り方を見ていきました。基本的にはこのようにシェイプやテキストをキャンバスに配置するだけで、ワイヤーフレームを作れてしまいます。

> **NOTE**
> 道中で紹介したショートカットを使っていくと、さらに素早くワイヤーフレームを作れるので、ぜひ慣れてみてください。

Column

モバイル版 Figma とタブレットで手描きラフをデジタル化

FigmaのモバイルアプリをiPadなどのタブレットにインストールすると、FigJamボードに手書きデータを残せるようになります。Apple Pencilなどを持っていれば、紙にスケッチするのと同じ感覚で、FigJamボードにラフを残せます。紙のラフには汚損、破損、紛失、保存場所などのリスクを抱えますが、デジタルデータであれば、こうしたリスクを減らせます。

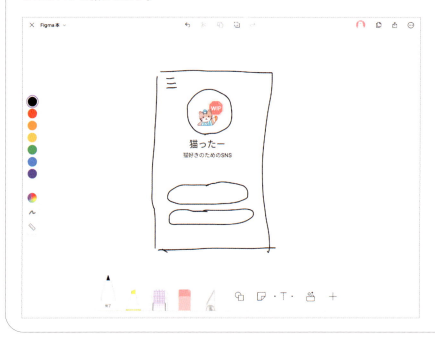

4.5 ワイヤーフレームをラクに作る

テンプレートから作る　プロフェッショナルチームプラン以上

コミュニティの**テンプレート**を活用すれば、ワイヤーフレームをサクサク作ることができます。試しに「wireframe」で検索してみたところ、多くのテンプレートがヒットしました。ここでは**Wireframing Kit**というテンプレートを試してみます。

> **CAUTION**
> 「ワイヤーフレーム」というキーワードで検索すると日本語のテンプレートしかヒットしません。逆に日本語のテンプレートだけに絞りたい時は便利です。

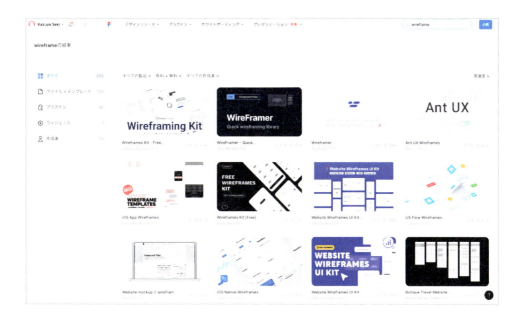

テンプレートを活用する場合はまずはライブラリに追加する必要があります。まずはこちらの**Figmaで開く**をクリックすると、そのテンプレートのファイルのコピーが自分の**下書き**に作られます。

第4章 | プロダクトデザインにおけるFigmaデザイン・FigJam

　ファイルが開いたら、左ペインのページで「Foundation」→「Components」とたどることで、利用可能なコンポーネントを確認することができます。こちらからコピー＆ペーストすれば使えます。

　プロフェッショナルチーム以上のプランであれば、更にライブラリにすると、他のファイルなどでインポートして手軽に使えるようになります。

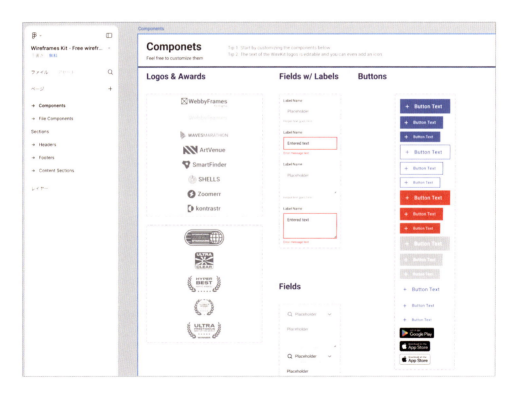

　テンプレートファイルを開いた状態で左ペインの**アセット**タブから**本アイコン**をクリックし、**公開**ボタンをクリックします。

132

ワイヤーフレームをラクに作る 4.5

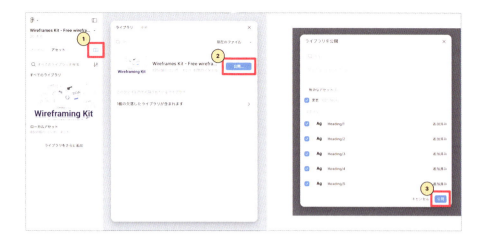

　同じプロジェクト内の別ファイルを開き、左ペインの**アセット**タブから同様に**本アイコン**をクリックし、ドロップダウンから**チーム**を選び、**ファイルに追加**を選択します。これで、テンプレートファイルのコンポーネントを左ペイン**アセット**タブから取得できます。

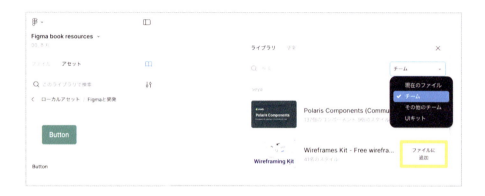

AIに作ってもらう　　プロフェッショナルチームプラン以上

　ここまでは手作業でワイヤーフレームを作っていく方法をお伝えしましたが、オススメなのは**AI機能**を活用する方法です。FigmaのデザインAIは優秀で、要件をしっかり伝えるだけで、納得いくデザインを起こしてくれます。

　アクションメニュー（中央ペインの右から2番目の星アイコン）を立ち上げて、AI機能から**First Draft**を選びます。**猫ったー**はアプリなので**アプリのワイヤーフレーム**を選んでみます。

> **! NOTE**
> アクションパネルを開く　command（Ctrl）+ / または P

　次にワイヤーフレームに起こしてもらいたい内容をプロンプトへ入力します。一度に作れるのは、1フレームのみです。複数のページにまたがる要求を一つのプロンプトに入力すると、全て1フレームに描画されてしまうので、ページ毎にプロンプトを入力していくか、一つのフレームに生成されたものを手動で分割していきます。

```
アプリ名：猫ったー
目的：猫の写真共有に特化したソーシャルメディアプラットフォーム
ターゲットデバイス：モバイルアプリ (iOS/Android)
デザイン全般の指示

- モダンでクリーンなデザインを心がけてください。
- 猫をモチーフにしたアイコンやイラストを適宜使用し、親しみやすい雰囲気を演出してください。

1. スプラッシュ画面

- アプリロゴを中央に配置
- 背景に薄い猫のシルエットパターンを使用

2. ログイン/サインアップ画面

- ログインフォーム (ユーザー名/メール、パスワード)
- ソーシャルログインボタン (Facebook, Google, Apple)
- 新規登録へのリンク

3. メインフィード (タイムライン) 画面

- 上部にストーリー機能バー
- 投稿写真を大きく表示 (縦スクロール)
- 各投稿に「いいね」「コメント」「シェア」ボタンを配置
- 下部にタブバー (ホーム、検索、投稿、通知、プロフィール)
```

すると、次のようなワイヤーフレームが生成されました。概ね筆者の期待通りです。

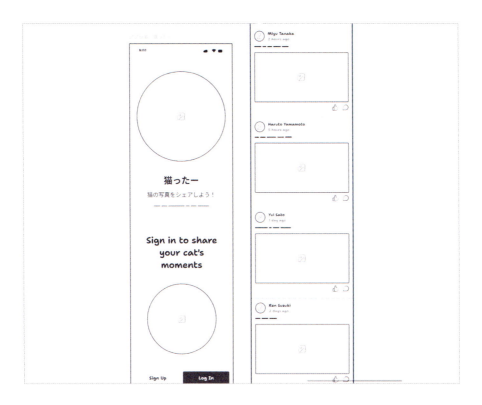

　レイヤーもしっかり分かれ、きちんとしたレイヤー名が付けられ、オートレイアウトも付与されています。ここから自分で編集していくこのも簡単です。

4.6 インタラクティブなプロトタイプを作る

Figmaデザインのプロトタイプ機能を使い、インタラクティブなプロトタイプを作ってみましょう。

プロトタイプ全体の設定

はじめにプロトタイプ全体の設定を行います。右ペインの**プロトタイプ**タブを選択します。**レイヤーを選択していない**状態であれば、**プロトタイプ設定**が表示されます。プロトタイプ設定では、プロトタイプを再生する時に、どんなデバイスの枠で表示するか、縦表示にするか横表示にするか、背景色を選べます。

①	デバイス	iPhone, Androidなどのスマホやpc・タブレットなどどんな枠でプロトタイプを実行するかを選択できます
②	デバイス設定	デバイスの色や横向き/縦向きなどを指定できます
③	背景色	背景色を指定することができます

たとえば、**デバイス**をAndroidに、**背景色**を黄緑色に設定してプロトタイプを再生すると、次図のように表示されます。

プロトタイプ機能の用語

プロトタイプは異なる画面、つまり**フレーム**をどう遷移させていくかを指定することで作っていきます。これは、次図のようにフレーム同士を矢印でつなぐことで、指定していきます。次図は「**ログインボタン**を押すと、タイムライン画面に遷移する」という遷移を作っています。

このような**矢印**をたくさん生やしていくのですが、矢印の各部には呼称があります。

1. ホットスポット（開始点）
2. コネクション（線）
3. デスティネーション（終着点）

遷移の開始点を**ホットスポット**と呼び、遷移の終着点を**デスティネーション**と呼び、それら二つをつなげるものを**コネクション**と呼びます。ホットスポットは一番外側のフレームでも、フレーム内のどんな要素でも構いません。ただし一つのレイヤーから作れるコネクションの数は一つのみです。

コネクションは、右ペインの「プロトタイプ」タブを開いた状態で、ホットスポットを追加したいレイヤーの上にカーソルホバーすると白い点が出現するので、そこからデスティネーションをつかしたいレイヤーまでドラッグ＆ドロップすると作成できます。

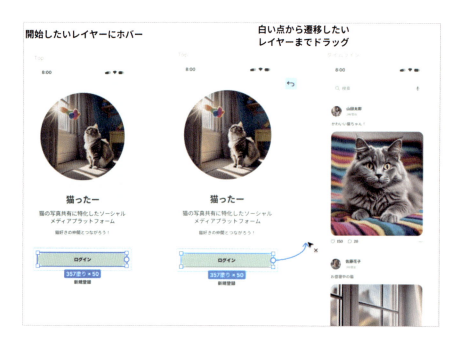

プロトタイプを動かしてみる

　コネクションを作成できたら、プロトタイプを再生してみましょう。再生するには右ペイン上部の**再生ボタン**をクリックします。デフォルトでは新しいタブで開かれますが、プレビューとして開くことも可能です。

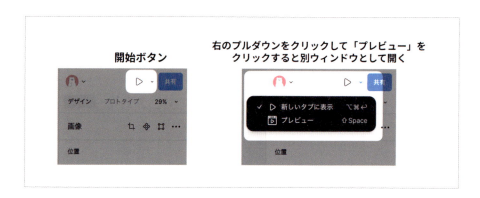

　プレビューでは、作ったフレームが画面いっぱいに表示され、背景は透明になります。プレビューが表示されたら、試しにプレビュー画面内のどこかをタップ（クリック）してみください。次図のように「ログイン」ボタンがハイライトされると思います。プロトタイプでは、このように**ホットスポットではない場所**をタップした時に、ホットスポットがハイライトされ、ホットスポットの場所を教えてくれます。初めてプロトタイプに触れる人でも迷うことなく操作できるでしょう。

「ログイン」ボタンをクリックすると、次のタイムライン画面に遷移します。

また、最初からやり直したい時は、プロトタイプ上でホバーした際に右下に「再起動」ボタンが表示されるので、それをクリックすると、プロトタイプが最初から再生されます。

フローを複数作る

　プロトタイプを開始した時、コネクションが全くない場合は、キャンバスにおける座標が一番**左上**にあるフレームが、再生開始時のフレームとして選ばれます。

> **! NOTE**
> この仕様は、6章で紹介する**スライド**機能を考慮した仕様なのではないかと思っています。

　ですが、一つのプロトタイプで複数のユーザーシナリオを検証したい、そのために「このフレームから再生を始めたい」というニーズが当然発生します。Figmaデザインには、**フロー**と呼ばれる機能があります。フローを使うと、プロトタイプの再生開始フレームを複数作ることができます。

　開始点にしたいフレームを選択し、右ペインの（「プロトタイプ」タブの）「フローの開始点」をクリックします。

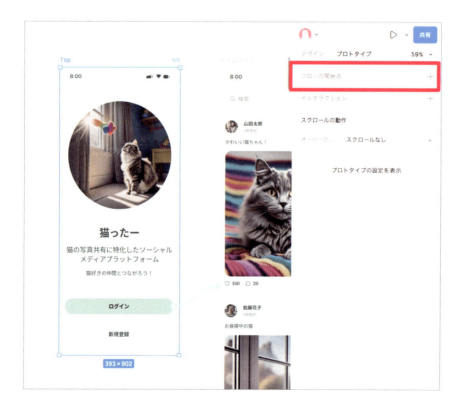

　すると、次のようにフローの開始点が追加されるので、適切な名前を付けましょう。開始点のフレーム左上の「再生」ボタンを押せば、そのフレームからプロトタイプを再生できます。

インタラクティブなプロトタイプを作る　4.6

クリックすると
このフレームからプロトタイプが始まる

　フローを複数設定した場合には、右ペインの「プロトタイプ設定」（レイヤーを選択していないときに表示されます）に、設定済みのフロー一覧が表示され、任意のフローを再生できます。また、プロトタイプの再生中は、左ペインにフローの一覧が表示されます。

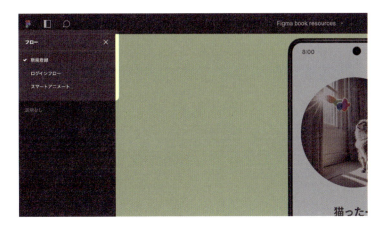

細かなインタラクションを追加する

　これまでに追加したインタラクションは、**タップ時**に**即時**、画面遷移が起こりました。これだけで十分なことも多いのですが、Figmaデザインは、次のようなインタラクションの詳細を設定することで、より忠実度の高いプロトタイプ再生を実現してくれます。

先ほど作ったインタラクションを選択すると、次のようなダイアログが表示されます。

トリガーでは、ホットスポットで何が行われたら遷移処理を行うかを指定できます。**アクション**では、デスティネーションのフレームに遷移する以外にも、「前のフレームに戻る」、フレームの遷移を発生させずにオーバーレイ開くことができます。**アニメーション**では、遷移する時のアニメーションの効果を指定することができます。デフォルトでは「即時」、つまりアニメーション効果は付きません。フェードイン/フェードアウトをする「ディゾルブ」、遷移先の画面がニョキっと重なってくる「ムーブイン」など様々なアニメーションが用意されています。

スマートアニメートで自動でアニメーションを付与する

　Figmaデザインのプロトタイプには、ユーザーが細かく設定しなくても、二つのフレーム間をいい感じのアニメーションでつないでくれる魔法のような機能、**スマートアニメート**があります。スマートアニメートは、「同じ名前のレイヤーが遷移前、遷移後のフレーム内に存在する場合」かつ「スマートアニメートが検知できるプロパティに何らかの変化があった時」に発動します。

　シンプルな例として、次図のように円が左から右に動くプロトタイプを作ってみましょう。ポイントはアニメーションさせたいレイヤーの**レイヤー名を、遷移前と遷移後とで同じにすること**です。今回は円の部分をアニメーションさせたいので、どちらも **Circle** という名前にします。スマートアニメートは、アニメーションさせるレイヤーを、レイヤー名から判定しているので、違うレイヤー名にするとうなく動きません。

　インタラクションを追加するとき、**アニメーション**に**スマートアニメート**を指定します。追加でイージング（アニメーション速度の緩急の付け方）やアニメーション全体の所要時間を指定することができます。

第4章 | プロダクトデザインにおけるFigmaデザイン・FigJam

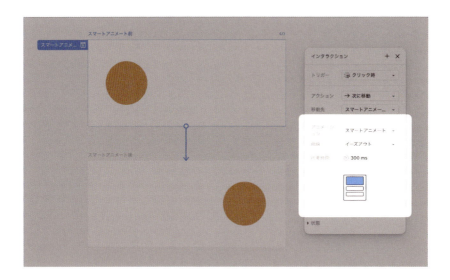

　これだけで準備万端です。書籍では伝えづらいのですが、この状態でプロトタイプを再生すると、遷移した時に円の位置が瞬時に変わるのではなく、アニメーションしながら移動してくれます。

　スマートアニメートは全てをよしなにアニメーションしてくれる訳ではありません。スマートアニメートが検知できるプロパティの変化は次の通りです。

- 拡大・縮小…レイヤーのサイズの変化
- 位置…………x座標とy座標の位置の変化
- 不透明度
- 回転
- 塗り…………色の変化

144

少なく感じるかもしれませんが、実際に作ってみると大体のアニメーションは、スマートアニメートで実現できます。かなりお手軽にアニメーションを追加できるので、**レイヤー名を同じにする**という仕様を意識しつつ、美麗なプロトタイプを作っていきましょう。

インタラクティブコンポーネントでコンポーネントのアニメーション

2章「Figmaデザインの見取り図」でお伝えした通り、コンポーネントには複数の状態が設定できる**バリアント**があります。Figmaデザインでは、このバリアントにもインタラクションを設定できます。

これまでと同様にバリアントから別のバリアントへインタラクションを設定します。

次図ではボタンにマウスオーバー（ホバー）した時に、そのバリアントへ遷移する設定を行っています。一度設定しておけば、あらゆるボタンをインタラクティブにできるので、活用してみましょう。

動画をプロトタイプに埋め込む　プロフェッショナルチームプラン以上

プロトタイプでは動画を再生することもできます。

> **CAUTION**
> 再生する動画はアップロードする必要があり、動画のアップロードにはチームがプロフェッショナルチームプラン以上になっている必要があります。

アップロードする動画は、次の要件を満たしている必要があります。ファイルサイズの上限はやや小さ目なので、超える場合は圧縮したり短くしたりする工夫をしましょう。

- MPEG-4形式、MOV形式、WebM形式のいずれかに対応
- ファイルサイズの上限は100MB

これは動画プレイヤーを含むプロダクトをデザインする時に活躍しますし、動画を含むスライドを作ってプレゼンテーションで活用するなどの用途も考えられます。

動画を追加するのは簡単です。画像を追加するときと同様に、中央ペインのシェイプツールから「画像/動画…」をクリックすると、OSのファイル選択画面が開くので、動画ファイルを選択します。

画像と同じように、キャンバスで任意の位置にドラッグすると、動画ファイルを設置することができます。**動画はキャンバス上では再生できません**。扱いは画像とほぼ一緒です。

ただ、動画のレイヤーを選択した状態で、右ペインから**塗り**の部分の詳細を開くと、再生できたりトリミングできたりします。

　右ペインの「プロトタイプ」タブで動画レイヤーの設定を確認すると、デフォルトで**自動再生**、**ループあり**、**音声出力あり**になっています。これらの設定は各項目をクリックすることで変えられます。

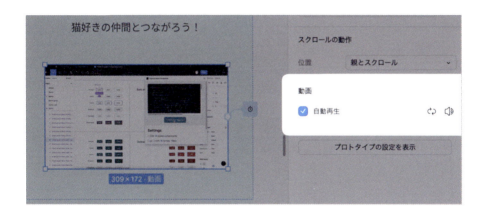

　インタラクションについては、次のような動画固有のアクションを指定することができます。

- 動画を再生 / 一時停止
- 動画をミュート / ミュート解除
- 特定の時間に設定…動画を指定したタイムスタンプから再生する
- 前 / 後へジャンプ…指定した秒数分、動画を早送りまたは巻き戻しする

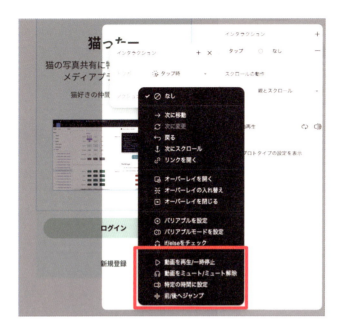

　プロトタイプをよりインタラクティブにできるので、動画を使う機会がある時に試してみてください。

4.7 インタラクティブなプロトタイプをAIで自動で作成

　プロフェッショナルチームプラン以上で使っている場合は、**AI機能**でプロトタイプデザインの手間を省力化できます。なんとFigmaデザインのAI機能はプロトタイプのインタラクションまでいい感じに設定してくれるのです。

　早速「猫ったー」で試してみましょう。プロトタイプに含めたいフレームたちを選んだら、中央ペインのアクションボタンを押し、「プロトタイプを作成」を選択します。検索ボックスに**プロトタイプ**と入力するとすぐに表示されます。

4.7 インタラクティブなプロトタイプをAIで自動で作成

　たったこれだけで、Figmaデザインは自動的にそれらしいインタラクションを設定してくれます。次図のインタラクションはAI機能が自動で設定してくれたものです。**プレビュー**を押すと、プロトタイプを編集できるウィンドウが開くので、**変更を採用**を押せば、プロトタイプ作成は完了です。違和感のないインタラクションが追加されていてすごいです。

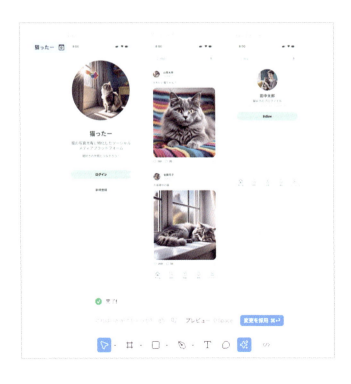

149

4.8 プロトタイプを共有する

　自分のPCでユーザーテストなどを行う場合は、プロトタイプビューで事足ります。しかし、遠隔の人に使ってもらう場合には、プロトタイプを共有する必要があります。
　プロトタイプは、デザインファイルとは別に共有することができます。プロトタイプへのリンクを共有するには、デザインファイルの共有から「プロトタイプへのリンクをコピー」をクリックします。

　プロトタイプを再生中であれば、画面右上の「プロトタイプを共有」をクリックしてから「リンクをコピー」を押すことで、共有用のリンクをシェアすることができます。

プロトタイプを共有する　4.8

　共有する際には、**共有先のメンバーのFigmaアカウントに閲覧権限以上が付与されていること**を確認しましょう。

4.9 スマホやタブレットからプロトタイプを見る

　Figmaのプロトタイプは、Figmaのモバイルアプリを使うことで、スマホやタブレットからも簡単に再生できます。

iOS

Android

　インストールしてアプリを開いたらデスクトップで使っているFigmaアカウントと同じアカウントでログインしましょう。ログインが済んだら、画面下部に配置されているナビゲーションの一番右の**ミラーリング**をタップします。次にPCでFigmaデザインを開き、スマホで映したいフレームを選択します。すると、モバイルアプリ側に「ミラーリングを開始」というボタンが表示されるので、クリックします。すると、スマホでもプロトタイプが表示されます。プロトタイプのインタラクションが設定されていれば、その通りに再生されます。

スマホやタブレットからプロトタイプを見る

　ミラーリングを終了したい時は、**2本指で画面を長押し**すると、次のようなハーフモーダルが画面下部からひょこっと表示されるので、「ミラーリングを終了」をタップします。これで、元の画面に戻れます。

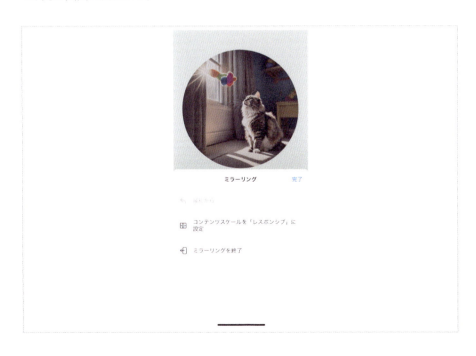

モバイルアプリの**最近使用**からプロトタイプがあるファイルを開き、画面右上のメニューから「プロトタイプを表示」をタップすることでも、プロトタイプを再生できます。

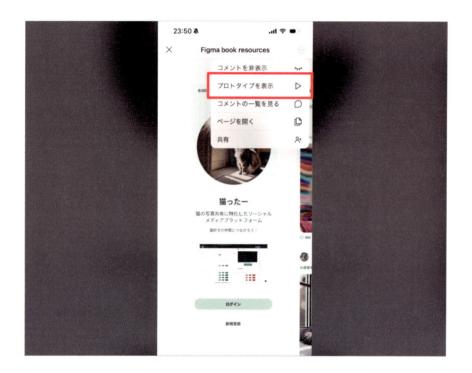

モバイルアプリでプロトタイプを再生する機能の魅力は、文章だけでは伝えきれません。自分が作ったデザインが手元のモバイルデバイスで簡単に触れるようになる体験をすると、かなりテンション上がります。ぜひ試してみてください！

Column
Figma と適切な距離感を保つことも大事

　Figmaデザインは高忠実度なプロトタイプを作成できるため、プロトタイプを作ること自体が楽しく、ついつい作り込み過ぎてしまう傾向があります。ですが、プロトタイプはどこまでいってもプロトタイプです。本物ではなく、実際にユーザーに使われることはありません。あくまでも**検証すること**が目的であることを忘れてはいけません。検証するために何が必要なのかを逆算し、必要十分なインタラクションだけを足しましょう。

　Figmaデザインでササっと実現できる以上の忠実度を持ったプロトタイプを作りたい場合には、他の選択肢を選ぶべきかもしれません。

　例えば、プロトタイピングツールとしては、Framerやv0などが、人気を集めつつあります。v0はAI機能が優れており、**プロンプト**を入力することによってコードが生成され、本物のWebサイトさながらに動かすことができます。プロンプトによるアニメーションの細かな制御も可能です。

　Figmaは万能型のデザインツールなので、何でもFigmaでチャレンジしてみたくなります。実際、Figmaでデザインを一元管理することのメリットも大きいのですが、Figmaがすべての用途でベストソリューションとは限りません。状況に応じて適切なツールを探していきましょう。

4.10 まとめ

　本章では、FigmaデザインとFigJamを使い、プロダクトデザインにまつわるマインドマップやユーザーストーリーマップ、ワイヤーフレームやプロトタイプを作る過程を紹介しました。

　Figmaはプロダクト開発のほとんどのプロセスにおいて活躍してくれるため、Figmaさえ使いこなせれば、いろいろなツールを使い分けることなく、Figma一つで完結できます。

　また、忘れてはいけないのはFigmaの思想の根幹は**コラボレーションツール**であること。プロダクト開発プロセスで得た成果物は、かんたんにチームのメンバーと共有することができます。

　自分のデザインワーク、デザインプロセスが効率的になるのももちろん魅力ですが、プロダクトデザインでは幅広く、反復的にフィードバックを得ることが重要です。Figmaを活用して、より良いプロダクトを作っていきましょう。

実践編

第5章

開発者のためのFigma ─ Figmaデザインで "デザインの値を見る"

　デザインが固まったら、そのデザインは実際にユーザに価値を届けるために**実装**される必要があります。本章では、そんな実装を担うであろう開発者の方々向けに、Figmaをどう見るかや、実装の生産性が高まるTipsなどを紹介していきます。本章のメインターゲットは開発者の方々です。しかし、開発者の方々がどんな情報を知りたいのかを知ることは、開発者以外の方々にとっても、「デザインをどう構造的に、メンテナブルに作っていくか」についての示唆をたくさん得られます。ですので、開発者以外の方々も読み物として楽しんでいただけたら幸いです。

5.1 開発モードとその料金

開発者がFigmaを使っていくにあたって気になるであろう機能が**開発モード（Dev Mode）**でしょう。開発モードは、名前の通り開発者向けにデザインの要素が見やすくなるモードです。

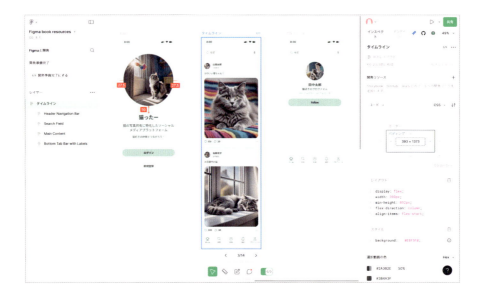

詳しい機能については後述するとして、初めに料金などについて触れておきます。1章「Figmaの全体像」でも触れた通り、編集権限を持っている人は開発モードを使えます。ただしスターターチームプランでは使えません。開発モードを使うには、プロフェッショナルチーム以上のプランが必要です。

また、ビジネスプラン、エンタープライズプランの場合は、開発モードだけの権限（デザインの編集はできない）を付与することができます。開発モードは、本書執筆時点（2024年11月）において、次の料金で利用できます

- ビジネスプランは1シートあたり月額25ドル
- エンタープライズプランは1シートあたり月額35ドル

> **❗NOTE**
> 2025年3月11日以降の料金体系では、FigJamとFigma Slidesも使える上で、プロフェッショナルプランでは月12ドル、ビジネスプランでは月25ドル、エンタープライズプランでは月35ドルで開発モードを使えるようになります。

　正直、そこまで安くはありません。そこで、本章では開発モードを使わない**閲覧権限のみ**で見ていく方法を解説した後、**開発モード**で見ていく方法を紹介します。機能の差分を見て、開発モードが生産性にアップにつながるなと感じたら、導入を検討してみてください。

5.2 開発モードを使わずに"デザインの値を見る"

　開発者が実装のためにFigmaデザインを見る時は、編集権限ではなく閲覧権限のことも多いと思います。もちろん、開発モードを使えば、実装に必要な情報を手軽に見られるのですが、閲覧権限のみでも基本的な要素は見られます。ここでは、その見方を紹介していきます。

デザインの値を見る＝レイヤーを選択すること

　左ペインのレイヤーツリーかキャンバスで、スタイルを見たい対象のレイヤーを選択すると、右ペインでレイアウトや色、タイポグラフィーの情報を見られます。

バリアブルの名前や、コンポーネントのプロパティが設定されている場合には、それらも表示されます。

レイヤー選択のショートカット3選

入れ子になった最下層のレイヤーを選択する

　レイヤーがたくさんネストされていると、親レイヤーから一つ一つ階層をたどる必要があり、見たい情報を含むレイヤーをクリックで選択しづらくなります。そんな時はcommand（Ctrl）キーを押しながらクリックすることで、一気に最下層のレイヤーを選択することができます。

親レイヤー、子レイヤー、兄弟レイヤーを選択する

　既に選択しているレイヤーの親レイヤー、子レイヤー、兄弟レイヤーを選択したい。だけど、キーボードからは手を離したくない。そんな時に役立つのが、次のショートカットです。

- 子レイヤーを選択したい：return（Enter）
- 親レイヤーを選択したい：shift＋retern（Shift＋Enter）
- 兄弟レイヤーを選択したい：tab（Tab）（レイヤーツリーを上に移動する場合はshift＋tab）

　これらのショートカットをマスターすれば、キーボードから手を離さずに、レイヤー間を自由自在に移動することができるでしょう。

スタイルをコピー

　スタイルを（たとえば、CSSのようなコードとして）コピーしたい時は、右ペインのコピーしたいセクションの右上に表示されている**コピー**ボタンをクリックするとコピーできます。

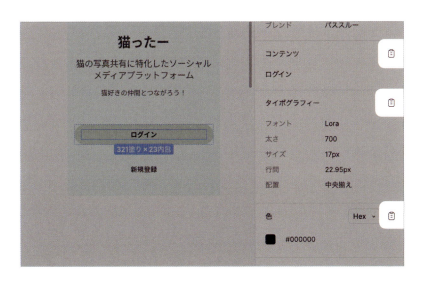

デフォルトでは、次のようなCSSを取得できます。

```
//styleName: JP - ScreenSm/BodyLg;
font-family: Noto Sans JP;
font-size: 16px;
font-weight: 400;
line-height: 24px;
text-align: left;
```

iOSやAndroidなど、モバイルアプリ用のスタイルをコピーすることもできます。

レイヤーを選択し、右クリック→形式を指定してコピー→コードとしてコピーを選択します。

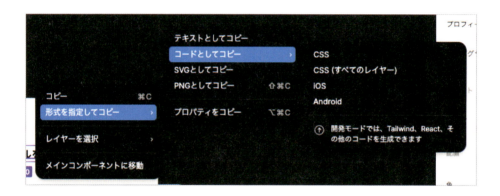

> ⚠ CAUTION
>
> Windowsでは、右クリック→**コピー / 貼り付けオプション**→**コードとしてコピー**を選択してください。

次のようにコピーすることができました。

iOS

```
var view = UILabel()
view.frame = CGRect(x: 0, y: 0, width: 126, height: 20)
view.textColor = UIColor(red: 0.1, green: 0.1, blue: 0.1, alpha: 1)
view.font = UIFont(name: "NotoSansJP-Bold", size: 14)
var paragraphStyle = NSMutableParagraphStyle()
paragraphStyle.lineHeightMultiple = 0.97
// Line height: 19.6 pt
// (identical to box height)
```

```
view.textAlignment = .center
view.attributedText = NSMutableAttributedString(string: "テキスト",
attributes: [NSAttributedString.Key.paragraphStyle: paragraphStyle])

var parent = self.view!
parent.addSubview(view)
view.translatesAutoresizingMaskIntoConstraints = false
view.heightAnchor.constraint(equalToConstant: 20).isActive = true
view.leadingAnchor.constraint(equalTo: parent.leadingAnchor,
constant: 124).isActive = true
view.trailingAnchor.constraint(equalTo: parent.trailingAnchor,
constant: -125).isActive = true
view.centerYAnchor.constraint(equalTo: parent.centerYAnchor,
constant: 0).isActive = true
```

Android

```
<TextView
android:id="@+id/header_titl"
android:layout_width="0dp"
android:layout_height="20dp"
android:layout_alignParentLeft="true"
android:layout_marginLeft="124dp"
android:layout_alignParentRight="true"
android:layout_marginRight="125dp"
android:layout_centerVertical="true"
android:text="@string/header_titl"
android:textAppearance="@style/header_titl"
android:lineSpacingExtra="-1sp"
android:gravity="center_horizontal|top"
 />
<!--
Font family: Noto Sans JP
Line height: 20sp
(ボックスの高さと同一)
-->

<!-- styles.xml -->
<style name="header_titl">
<item name="android:textSize">14sp</item>
<item name="android:textColor">#1A1A1A</item>
```

```
</style>

<!-- strings.xml -->
<string name="header_titl">
\u00e3\u0083\u0097\u00e3\u0083\u00ad\u00e3\u0083\u0095\u00e3\u0082\
u00a3\u00e3\u0083\u00bc\u00e3\u0083\u00ab\u00e3\u0082\u0092\u00e7\
u00b7\u00a8\u00e9\u009b\u0086
</string>
```

レイヤー間のマージン

すべてのレイヤーにオートレイアウトが設定されている場合には出番がないのですが、レイヤーとレイヤーの間隔を確認したいことがあります。

レイヤーを選択してOption（Alt）を押しながらマージンの値を見たい要素へホバーすると値が見られます。もしくは確認したいレイヤーたちを選択して、Option（Alt）キーを押すと、距離を確認できます。

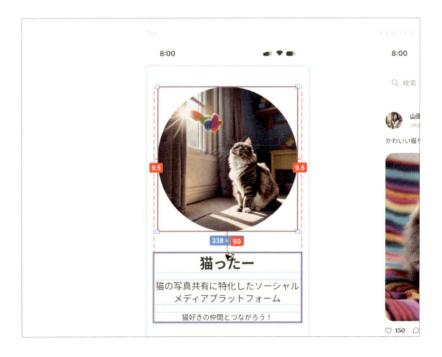

コンポーネント

昨今のフロントエンド開発ではUIをコンポーネントに分解して開発することが一般的になっていると思います。Figmaデザインにもコンポーネントを作る機能があり、コンポーネ

ントのバリエーションを表現できるバリアントという機能もあります。

　バリアントのプロパティの中で何が選ばれているかを見るには、スタイルと同じく該当のコンポーネントのインスタンスレイヤーをクリックして、右ペインを見ることで確認することができます。

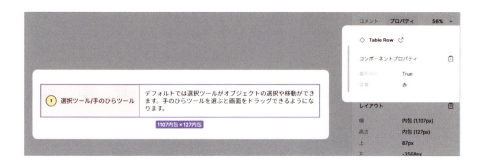

Tips Figmaのバリアントのプロパティ名とコード上のプロパティ名を揃える

　Figmaデザイン上でのバリアントが持つプロパティと、実装のプロパティは、なるべく揃えることが望ましいです。

　例えば、次のようなボタンコンポーネントがあるとしましょう。このボタンコンポーネントは、"type"と"icon"というバリアントのプロパティを持っています。

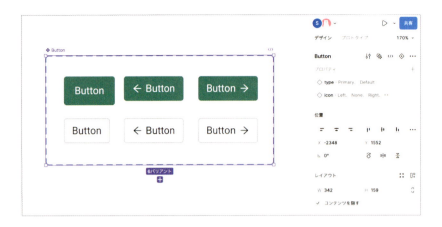

　このボタンコンポーネントをReactコンポーネントで実装するとしましょう。次のようにプロパティのインターフェイスを持たせれば、デザインと実装とでプロパティを揃えられます。

```
type Props = {
  type: 'primary' | 'default';
  icon: 'left' | 'right' | 'none';
};

function Button(props: Props) {
  return <button>...</button>;
}
```

　このようにデザインと実装でプロパティを揃えられると、実装時の迷いを減らせますし、デザインが変更されても実装の変更難易度だけが高くなってしまう可能性を減らせます。もちろん、デザインだけに欲しいプロパティ、逆に実装のみに欲しいプロパティもあるでしょうから、完全に一致させるのは難しいでしょう。しかし、揃えられるべきところは揃えるに越したことはありません。

　ですので、実装技術に精通している開発者たちも、デザイナーと一緒にバリアントの設計に加われるのが理想です。本書に興味をもってくれた開発者の方々は、きっと適役です。Figmaのコンポーネント設計にも積極的に関わってみてください。

画像のエクスポート

　画像レイヤーは、右ペインの下の方にある**エクスポート**に設定を追加することで、書き出すことができます。
「＋」（エクスポート設定を追加）ボタンをクリックし、倍率とファイル形式（PNG、JPG、SVG、PDF）を指定し、「〇〇（レイヤー名）をエクスポート」を押すと、保存先を指定するダイアログが開きます。

　また、プロダクト開発より、どちらかというとチャットツールなどで共有する時に便利な方法ですが、画像として書き出したいレイヤーを選択してcommand（Ctrl）＋ shift（Shift）＋ Cを押すと、そのレイヤーが画像化され、クリップボードに保存されます。思いの外使う場面の多いショートカットなので、ぜひ試してみてください。

5.3 開発モードを使って"デザインの値を見る"

　それでは、開発モードを使って、実装に必要な情報を見る方法を紹介します。開発モードを使うと、これまで見てきた情報を、より簡単に確認できるようになります。また、開発モード専用のコード生成プラグインなどを使えるようになります。本章の冒頭に書いた通り、開発モードの利用には少なからず費用がかかりますが、どのような機能が使えるようになるかを確認し、費用に見合う導入効果を得られるかどうか考えてみましょう。

開発モードをオンにする

　開発モードに切り替えるには、中央ペインの右端の「開発モード」スイッチをオン（緑色）にします。shift（Shift）＋Dでも切り替えられます。

　すると、次のようにスッキリとした画面に変わります。ワクワクしますね。

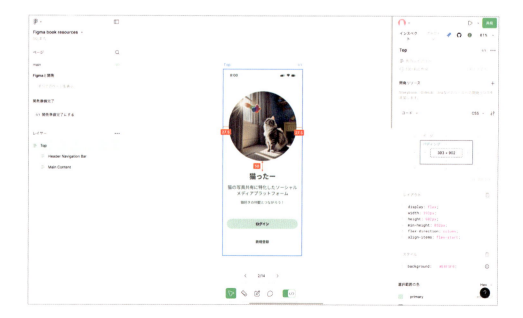

単位を設定する

開発モードを有効化すると、ターゲットプラットフォームとして**iOS**や**Android**を、単位として**rem**を選べるようになります（閲覧権限のときは、プラットフォームは**CSS**、単位はpxのみ）。

> **❶ NOTE**
> プラットフォームの**その他**ではReactやFlutterなどをプラグインを介して表示する選択肢があります。

スタイル

　スタイルを見るには、閲覧権限のみの時と同様に、該当のレイヤーを選択して右ペインの情報を確認します。

　入れ子になった最下層のレイヤーを選択するとき、閲覧権限のみでは **Option（Alt）** キーを押しながらクリックする必要がありましたが、開発モードではホバーするだけで選択できます。

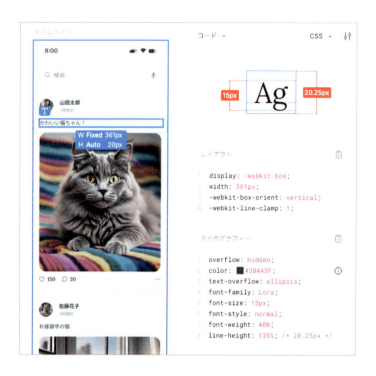

　レイヤーを選択すると、閲覧権限のみの時と同様に右ペインにスタイルが表示されますが、開発モードではそられに加えてCSSコード（あるいは選択したプラットフォームのスタイル）も表示されます。

開発モードを使って"デザインの値を見る" 5.3

レイヤー間の距離

　開発モードでは、レイヤー間の距離を確認するのもかんたんです。レイヤーを選択して、余白部分にカーソルをホバーするだけで、一通りの情報を確認できます。右ペインの情報も改善されます。次図の赤い部分がマージンで、青い部分がパディングです。

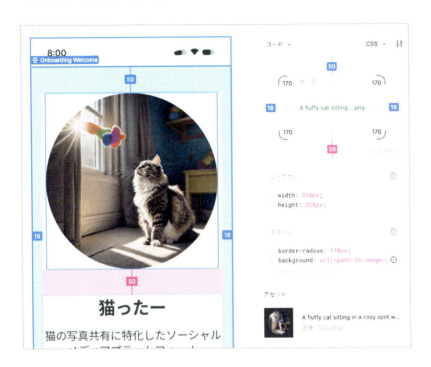

　また、測定ツールでマージンなどの値がどれくらいかの基準線を残すこともできます。中央ペインの左から2番目が測定ツールのアイコンです。測定ツールを選んだら、先ほどど同様にマージンを見たいレイヤーの辺を選択します。キービジュアルからタイトルまでのマージンを見たい場合は、まずキービジュアルレイヤーの下の辺を選びます。次にタイトルをクリックすると、次図のように距離を確認できます。

第5章　｜　開発者のためのFigma―Figmaデザインで"デザインの値を見る"

　カーソルホバーで確認したときの違いは、測定結果がキャンバス上に残るところです。一度測定すれば、測定し直す必要はありません。測定値は開発モードでしか表示されず、開発モードをオフにすると表示されなくなります。元のデザインの邪魔にはなりませんので、安心してください。

コンポーネント

　コンポーネントを選択すると、右ペインに情報が表示されるところまでは同じですが、開発モードでは閲覧権限の時とは異なる機能が追加されています。選択したコンポーネントでどんなプロパティが選択されているかを見ることができます。

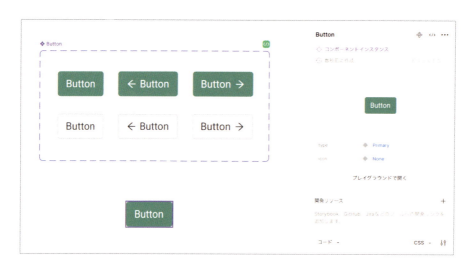

172

便利なのが**プレイグラウンド**機能です。「プレイグラウンドで開く」をクリックすると、新しいウィンドウが開き、そのコンポーネントのプロパティの値によってデザインがどう変化するかを確認することができます。（閲覧権限のみでは大元のコンポーネントが定義されたファイルを見る必要がありました。）

　注意書きに書いてある通り、ここでどんなにプロパティを変更しても、元のデザインファイルには何も影響しません。好きなだけ試してみてください。

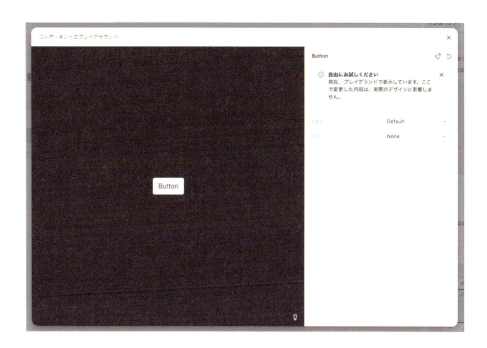

　開発者としては、どのプロパティが、どんなタイミングで選ばれているかを確認できれば十分ですが、コンポーネントの全体像を把握したい時、簡易にプロパティの変更を試せる場所として便利です。

変更内容を比較

　開発者にとって、デザイン更新への対応で大変なのは、ページやレイヤーが増えたときよりも、むしろ「パッと見では気付きづらい小さな変更が積み重なったとき」です。

　そんなときに便利なのが、以前のデザインからの**変更内容を比較**する機能です。先ほど表示していたボタンの余白を少し大きくしてみると、右ペインに「変更内容を比較」というドロップダウンが表示されるので、選択します。

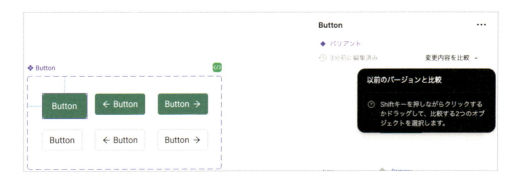

　すると次図のように、以前のレイヤーと現在のレイヤーの差異が、ビジュアルとコードで確認できます。コードにの差分は、さながらGitHubのdiffのようです。以前のデザインから何が変わったのかが一目瞭然なので、デザイナーも開発者も細かなコミュニケーションを減らすことができ、互いにハッピーになれます。

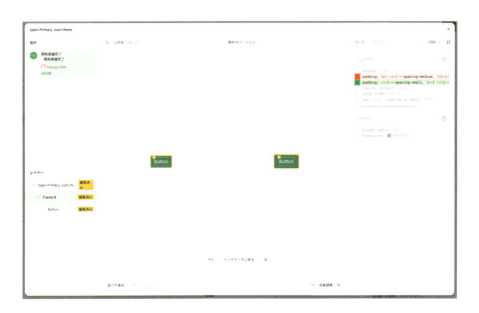

開発モード専用プラグイン

　ここでは開発モードだけで使えるプラグインを紹介します。StorybookやGitHub、Jiraなどの定番サービスとの連携プラグインのほか、コードスニペットの書き出し対応言語の追加など、様々なプラグインを利用可能です。

Animaでデザインをコードに自動変換

　Reactコードの書き出しをサポートしてくれるプラグインAnimaを使ってみましょう。コード生成をしたいレイヤーを選択しながら、開発モード画面の右ペインで「プラグイン」タブを開き、Animaと検索してクリックします。最初はAnimaアカウントへのログインが必要になります。

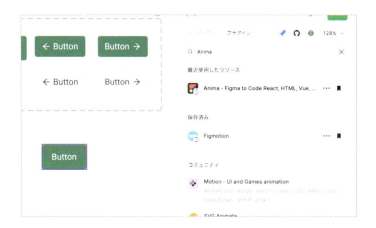

　プラグインを実行すると、次のようにReactのコンポーネントと、スタイリングコードが表示されます。オートレイアウトを使ってレイアウトされていれば、flexboxを使ったスタイリングコードが生成され、そのまま実装として使えるクオリティーのコードが手に入ります。

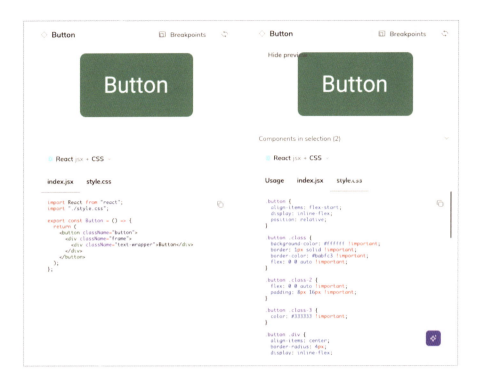

GitHubプラグインでタスク管理

　GitHubプラグインを使うと、レイヤーにGitHubのイシューを紐づけることができます。GitHubプラグインを選択して認証すると、次のような画面が表示されます。「GitHub Resource URL」と表示されたテキストフィールドに、GitHubのイシューへのリンクをペーストします。

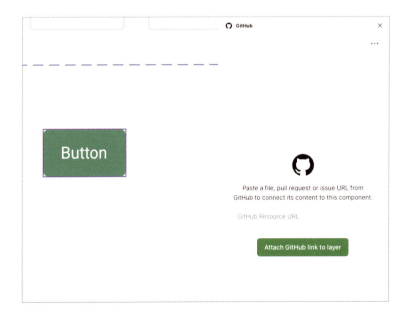

すると、次図のように選択していたレイヤーにイシューが紐付き、当該レイヤーを選んだ時に、右ペインでイシューの内容を確認できるようになります。GitHubでプロジェクト管理をしている場合に便利です。

開発モード用のプラグインは、コード生成系とプロジェクト管理系が多めですが、いろいろ試してみてください。

「コミュニティ」のナビゲーションから、**プラグイン**→**開発**と選択すると、開発モードで使えるプラグインを一通り見ることができます。

5.4 VSCodeとFigmaデザインの連携

　Webのフロントエンド開発をしている方々は、エディターとしてVSCode使っていることが多いのではないかと思います。VSCodeにFigma社が開発している「Figma for VSCode」という拡張機能をインストールすると、VSCode内でFigmaデザインのキャンバスを開けるようになります。

　まずは「VSCodeの拡張機能」（https://marketplace.visualstudio.com/items?itemName=figma.figma-vscode-extension）をインストールしましょう。

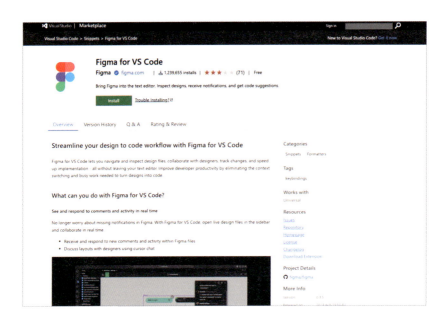

　開発モードを使っている場合は、見たいレイヤーを選択しながら右ペインに表示されるレイヤー名の右にある「…」ボタンをクリックし、「VS Code で開く」ボタンをクリックするとVSCode が開き、選択したレイヤーが表示されます。

VSCodeとFigmaデザインの連携 5.4

　VSCode内でキャンバスを見ながらコーディングするには、正直、かなり大きなディスプレイが必要な気がします。が、ウィンドウが一つにまとまるメリットは大きいもので活用していきましょう。

Column

Figma API、プラグイン、ウィジェットを使ってFigmaでプログラミング

　FigmaのデザインはAPIやプラグインを通じて読み込んだり書き込んだりすることができます。世の中には既にたくさんのプラグインが公開されていますが、自分でプログラミングすることで、Figmaの世界を、より快適な世界へ変えてゆくことができます。

　一例として、「オートレイアウトがないフレームを検知」するコードを紹介します。

```
// オートレイアウトが未設定のフレームを全て取得
const framesWithoutAutoLayout = figma.currentPage.findAll(
  (node) => node.type === 'FRAME' &&
            node.layoutMode === 'NONE'
) as FrameNode[];

if (framesWithoutAutoLayout.length > 0) {
  // 最初のオートレイアウト未設定フレームにフォーカス
  figma.viewport.scrollAndZoomIntoView(
    [framesWithoutAutoLayout[0]]
  );

  // 見つかったら個数をエラーアラートで表示
  figma.notify(`警告: ${framesWithoutAutoLayout.length}
    個のフレームにオートレイアウトが設定されていません。`,
    {
      error: true,
      timeout: 5000,
    }
  );
} else {
  figma.notify('全てのフレームにオートレイアウトが設定されています。', {
    timeout: 3000,
  });
}
```

　このようにFigma上に存在するもの大体にアクセス＆書き込みができますし、キャンバス上に存在しないライブラリやバリアブルなどにもアクセスできます。

　プログラミングで操作する方法には、Figma API、プラグイン、ウィジェットの三つがあり、大まかな違いは次表の通りです。

5.4 VSCodeとFigmaデザインの連携

API	プラグイン	ウィジェット
メリット ・Figma の外から実行ができる（手元でスクリプトを実行したり、CI から実行したり） ・トークンが共有できていれば誰でも実行可能 **デメリット** ・Figma の UI から実行ができない ・プラグインやウィジェットと比較して取得できる情報が少なめ	**メリット** ・Figma を操作しながらその場で実行できる ・大体のデータにアクセス可能 **デメリット** ・Viewer 権限だと実行できない ・Publish せずに他の人に使ってもらおうとすると、コードを build してインストールしてもらうか Organization プランの Private プラグインが必要 ・逐一探して実行する必要がある	**メリット** ・誰でも実行できる ・ファイル上に設置するため、プラグインのように探して実行する手間がない **デメリット** ・プラグインのように対象を選択して実行などの操作は不向き ・設置してからでないと使えないので、色んな場面で使いたい場合には不向き

より詳しくは次の記事にまとめてあるのでご覧ください。

現場で活躍する Figma API、プラグイン、ウィジェット

https://zenn.dev/seya/articles/924aadf933034d

5.5 まとめ

本章では開発時におけるFigmaデザインの見方・使い方を紹介しました。

Figmaデザインにとって、開発者は重要なターゲットユーザーです。開発者専用のモードを用意したこと一つをとっても、Figma社がかなり力を入れていることが伺えます。

2022年12月、Figma社CEOのDylan Field氏は、Figma（デザイン）のユーザーの1/3は開発者であると発言しています。

Figma with Dylan Field
https://open.spotify.com/episode/3rvFBdeE50tao6JcbEdjKR

開発時の生産性は、本章で紹介した**Figmaをどう見るか、どう使うか**に加え、「デザインをどう構造的に作っていくのか」や「デザインと実装をどう同期していくのか」という深遠なテーマにどう取り組んでいくかが大きく影響してきます。

Figmaは、ノンデザイナーからすると縁遠く感じてしまう「**デザイン**」を、グッと身近にしてくれる素晴らしいツールです。開発者だった筆者は、プラグインを通して様々な情報をいじれるところに魅力を感じ、Figmaにのめり込みました。

本書を読んで、Figmaに情味が湧いたら、様々な開発周りのFigmaエコシステムに触れていってみてください。

発展編

第 **6** 章

Figmaデザイン&Figma Slidesでコラボラティブなスライドをつくる

本章ではFigmaデザインをスライド作成ツールとして活用する方法を紹介します。また、2024年6月のConfigに合わせてリリースされた新しいファイル形式であるFigma Slidesについても紹介します。UIデザインだけに留まらないFigmaの可能性を体験してみてください。

6.1 Figmaデザインが最強のスライドツールである理由

　ちょっと強目のタイトルを付けてしまいましたが、筆者は本気でFigmaデザインこそ**最強のスライドツール**だと思っています。ここでは、他のスライドツールなどと比較した時のFigmaデザインの利点を挙げていきます。

理由1　無限キャンバスでスライドを俯瞰できる

　Figmaデザインは、**無限キャンバス**により、スライドの全体像を簡単に把握することができます。従来のスライドツールでは、一度に1枚のスライドしか見られませんでしたが、Figmaではすべてのスライドを一望できます。また、スライドを縦横に並べることでスライドをセクショニングしたり、編集したいスライドを一瞬で見つけることもできたりします。非常に管理がしやすいです。

　次図は筆者が昔登壇する際に作ったスライドです。導入セクションや、話のテーマが変わるセクション毎に行を区切って整理しています。このページ数のスライドでは、他のスライドツールのように一列に並んでしまうと、全体像の把握が難しくなります。Figmaでは、セクショニングによって全体の把握が容易になり、残り時間に合わせて割愛するテーマを一瞬で判断することもできます。

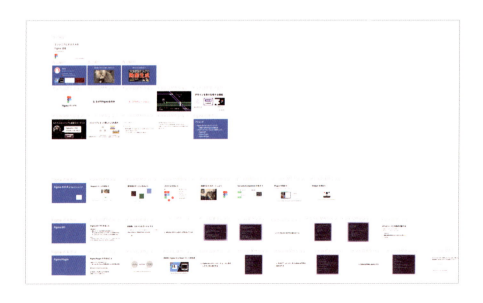

理由2 リンクでシェアできる

　Figmaの**リンク共有**機能は、プレゼンテーションの配布や共同作業を格段に簡単にします。スライド制作者は、更新のたびにスライドデータをメール添付して送るストレスから解放されます。単にリンクを共有するだけで、常に最新版のスライドデータにアクセスしてもらえます。また、関係者だけでなく、誰でも見られる状態にして困らない場合は、全員に対して公開することもできます。Figmaコミュニティにスライドを公開することも可能です。

　もちろんPDFエクスポート機能もあるので、最終的に外部のスライド投稿サイトにアップロードして共有することも可能です。

理由3 同時編集できる

　当然のことながらFigmaデザインでは**同時編集が可能**です。これにより、複数人が、好きなときに、分担して、スライドを作っていくことができます。

　加えて嬉しいのが、プレゼン中であっても、裏方さんが編集すれば、それが即座にスライドへ反映されることです。「まずい、この部分は非公開情報だった！」とか「ゼロが1つ足りない！」などのヒューマンエラーに、舞台裏でコッソリと対処できるようになるのです。「それが、そんなに嬉しいか？」と思われるかもしれませんが、これが意外と出番があるのです。「そんなことが起こらないように準備しろよ！」という話ではありますが、フールプルーフの手段はあるに越したことはありません。

理由4 デザインを再利用できる

　他のスライドツールにもテンプレート機能はありますが、Figmaデザインは**コンポーネント**、**バリアブル**、**スタイル**などの機能を使って、更に細かい粒度でデザイン資産の共有・共通化を図れます。

　これにより、ブランドの一貫性を保ちやすくなります。ロゴ、カラーパレット、フォントスタイルなどは、一度設定してしまえば、すべてのスライドで簡単に適用できます。また、コンポーネントを更新すれば、それを使用しているすべての箇所が自動的に更新されるので、大規模な変更も効率的に行えます。

　また、イラスト集をコンポーネントライブラリとして作っておけば、普段のデザインに使わずとも、スライド向けのライブラリを構築することができます。

理由5 デザインの自由度が高い

　Figmaデザインは、デザインツールとしての機能をたくさん備えているため、従来のスライドツールよりも表現の幅が広がります。複雑な図形、イラスト、インタラクティブな要素な

どを、外部ツールを使わずに直接作成できます。

また、スライドを使っている時に欲しくなる画像編集も可能です。本書の7章で解説しますが、画像素材の背景を無くしたり、特定の人物だけ切り抜いたり、ちょっとした画像編集はAI機能やプラグインを駆使することでサクサク行えます。

Figmaで作るスライド資料の事例

以上のような「強み」を併せ持つことで、Figmaデザインは**最強のスライドツール**としても活用できるのです。

筆者も、ここ4年間くらい、Figmaでスライドを作り続けています。それ以外にも、筆者の勤務先であるGaudiyでは、カンパニーデックという「会社案内の作成」や、オファーレターという「内定者に送る資料の作成」に使っています。

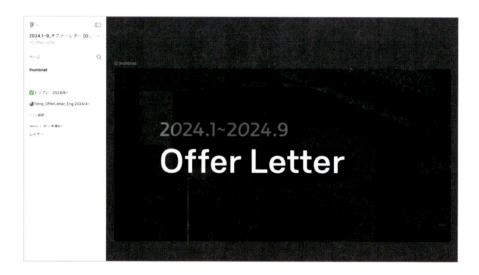

また、筆者の周囲からは、営業資料、全社会議の資料、投資家へのピッチ資料など、様々な活用事例を耳にします。やや大袈裟な表現をしますと、この**スライド作成**というユースケースこそ、最も多様な職種・業種の人々がFigmaに触れる交差点なのではないかと思っています。

それでは、具体的なスライドの作り方を見ていきましょう。

6.2 Figmaデザインで作るかFigma Slidesで作るか

　Figmaでスライドを作っていく際には二つの選択肢があります。既に使い方を見てきた**Figmaデザイン**を応用して作るか、**Figma Slides**で作るかです。

　Figmaでは2024年6月のConfigにてFigma Slidesという名前の通りスライドを作ることに特化したファイル形式が登場しました。Figmaとしてもこの**スライド作成**というユースケースは様々な人に使われる価値ある機能だと考えているのでしょう。

　Figma Slidesの費用はスライド機能は2025年3月11日までは無料なのですが、その日以降は「コラボ」以上のシートに加入する必要があります。「コラボ」ではFigJamとFigma Slidesがセットで使える状態で**プロフェッショナルプランでは月額3ドル、ビジネスプランとエンタープライズプランでは5ドル**がかかるようになります。

		プロフェッショナル	ビジネス	エンタープライズ
フル	Figma Design / Dev Mode / FigJam / Figma Slides	$16/月 年払い $20/月 月払い 以前は$12-15/月	$55/月 以前は$45/月	$90/月 以前は$75/月
Dev	Dev Mode / FigJam / Figma Slides	$12/月 年払い $15/月 月払い 2025年3月11日より新設	$25/月	$35/月
コラボ	FigJam / Figma Slides	$3/月 年払い $5/月 月払い	$5/月	$5/月
閲覧	閲覧/コメント権限	無料	無料	無料

（出典：https://www.figma.com/ja-jp/blog/billing-experience-update-2025/）

　基本的にFigmaデザインで編集権限を持ったアカウントではFigma Slidesも扱えるので、スライド作成に特化したFigma Slidesがオススメではあるのですが、一方現状ではFigma Slidesではプラグインが使えないなど、Figmaデザインの方が優位な点もいくつかあります。

　元々のFigmaデザインの機能でも十分にスライド作成ができることは、ここ数年その方法で資料を作ってきた筆者が保証いたしますので、まずは「Figmaデザインでスライド作成」→「Figma Slidesの使い方」という順番で解説していきます。

6.3 Figmaデザインでスライドを作る

それでは、Figmaデザインでスライドを作っていきましょう。作るものがスライドに変わっても、難しいことはありません。スライド毎にフレームを作り、並べるだけです。

テンプレートをコンポーネントとバリアブルで作る

スライドを作るときは、同じ位置にタイトルを配置したり、同じ背景画像を表示したりする仕組みが欲しくなります。

コンポーネント機能を使って作ってみましょう。次図のようにスライドのテンプレートをコンポーネントにしたり、よく使うイラストやロゴをコンポーネントにしたりしておくと便利です。

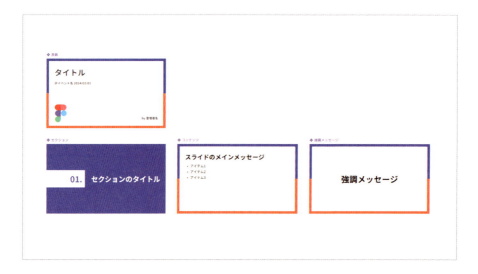

このようなテンプレートを会社の資産として作る場合は、独自のデザインで作る必要があります。一方、個人用途の場合は、コミュニティにあるテンプレートを活用するのも一手です。コミュニティで「Slide Template」をキーワードに検索すると、スライドテンプレートがたくさんヒットします。

日本語で綺麗に見えるスライドテンプレートを作ってくださっている方もいます。自分の好みのテンプレートを探してみましょう。

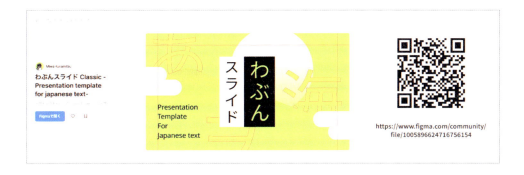

ライブラリにしてチーム内で使えるようにする

プロフェッショナルチームプラン以上

　作ったスライドテンプレートは、自分が再利用するためや、チームメンバーと共有するために、ライブラリとして公開しておくと便利です。公開といっても、コミュニティに公開しない限りは、チーム内のみでの共有になるため、安心してください。

> **! CAUTION**
> チームライブラリの公開はプロフェッショナルチーム以上のプランが必要です。

ライブラリの作り方は次の通りです。

1. 左ペインの**アセット**タブをクリックします
2. 本の形のボタンをクリックします
3. スライドテンプレートのファイルの「公開」をクリックします
4. 「公開」をクリックします

これでスライドテンプレートをライブラリとして使えるようになりました。

次は、このライブラリを他のファイルで使ってみます。新しいデザインファイルを作って、先ほどと同様に左ペインから**アセット**タブを選択します。

1. 検索ボックスの右側のドロップダウンから**チーム**を選択します
2. 先ほどの**スライドテンプレート**が表示されるので、**ファイルに追加**をクリックします

するとアセットタブ内からスライドのテンプレートのコンポーネントが扱えるようになります。

Figmaデザインでスライドを作る　6.3

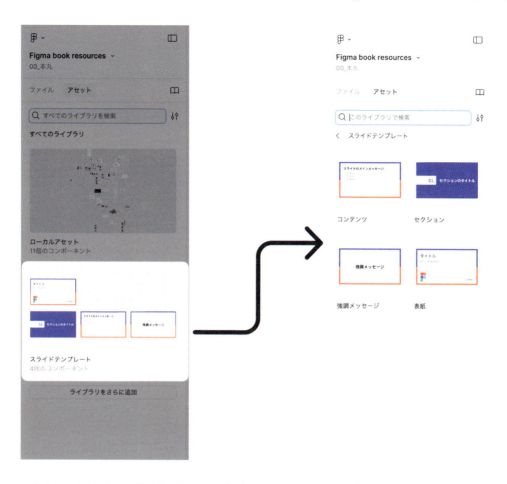

なお、これらは**コンポーネント**として作成したため、元のコンポーネントを変更すれば、その変更が自動的に反映されます。

スライドを整列する

　キャンバス上の好きな場所にスライドを置けるのがFigmaデザインの良いところですが、気付くと配置がガタガタになっていることがあります。

スライドを整列する方法はいくつかあるのですが、筆者はオートレイアウトを追加→解除することが多いです。オートレイアウトを追加すると、自動的に位置と間隔を揃えてくれるからです。ただし、フレームのままにしておくとプレゼンの時に支障が出るため、すぐに解除します。解除しても位置と間隔はそのままなので、綺麗に整列することができます。

Super Tidyというプラグインを使うのもお勧めです。**Tidy**というオプションを選択すると、いい感じに整えてくれます。

https://www.figma.com/community/plugin/731260060173130163/super-tidy

プレゼンテーションを始める

Figmaデザインでプレゼンをする時は、プロトタイプの再生を使います。インタラクションが設定されていない状態だと、キャンバスの「左から右へ、上から下へ」という順番でスライドを表示してくれるので、これを活用します。

Figmaデザインでスライドを作る　6.3

プレゼンを始めるには右ペインの再生アイコンをクリックします。

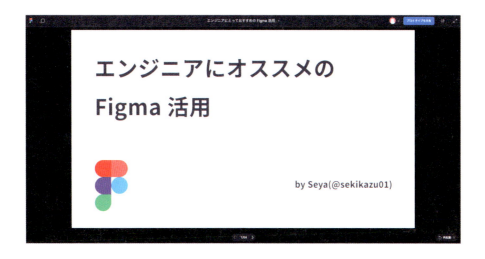

全画面表示に切り替えるには、右上隅のボタンをクリックします。
　画面のアスペクト比によっては、スライドが画面からはみ出てしまうこともあるかもしれません。そんな時は、全画面表示ボタンの左側のボタンをクリックし、**幅と高さを合わせる**を選択すると、確実に画面に収まるようになります。

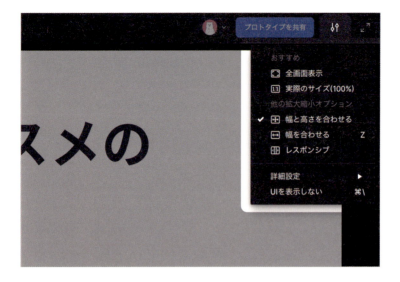

　スライドをめくる時は、カーソルキーで操作するのがおすすめです。画面クリックでも変わりますが、FigmaのUIが見えてしまいます。

- 戻る　←
- 進む　→

PDFとしてエクスポートする

　発表が終わったら、スライドをPDF化してSpeaker DeckやSlideShareなどのプレゼン共有サイトで公開することがあります。

　スライドのPDF化には、Figmaデザインの**フレームをPDFにエクスポート**を使います。アクションメニューから実行するか、**ファイル→フレームをPDFにエクスポート**から実行できます。

> **❶ NOTE**
> アクションメニューを開く　command（Ctrl）＋/ または P

フレームをPDFにエクスポートを選択するとダイアログが表示され、カラープロファイルとクオリティを選択してエクスポートすることができます。通常用途であれば、デフォルトの設定で十分です。

Column

スライドの公開をFigmaのプロトタイプでしても良い？

　スライドを公開する時に「Figmaのプロトタイプをそのまま公開すれば良いのでは？」と考えた方がいるかもしれません。共有範囲を「全員」に設定すれば、その方法でも公開可能です。ですが、筆者は「Speaker Deck（https://speakerdeck.com/）などのスライド共有サイトの公開」をお勧めしています。

　理由は「Figmaのプロトタイプで共有すると、全てのフレームが読み込まれるまで、表示待ちが発生するから」です。せっかくスライドを読もうと思ってくれた人を少し待たせてしまいます。猫ちゃんのスライドを作り、プロトタイプ共有で公開してみたので、試しに開いてみてください。開くまでにちょっと時間がかかるのが分かると思います。

　Speaker Deckなどでは、最初の1枚が読み込まれたらすぐ表示してくれるので、こうした心配は不要です。できるだけFigmaからPDFをエクスポートして、スライド共有サイトを使うのがオススメです。

> **❶ NOTE**
> もちろん、プロトタイプとして共有することにもメリットはあります。それはFigmaデザインのデータを更新したら、すぐに変更が反映されることです。変更のたびにPDFとしてエクスポートしてアップロードというのは中々に手間です。変更頻度が高いことが予想される場合、書かれている情報の鮮度にこそ価値がある場合、見る人を多少待たせてもよい場合なら、プロトタイプ共有でも良いかなと思います。

プラグインでPowerPointにエクスポート

　Figmaデザインの「コンポーネントやバリアブルを活用したデザイン作業の効率化」、「デザインの自由度の高さ」はスライド作成で非常に活躍してくれます。しかし、発表時や共有時にFigmaが最適ではない場面があります。

　例えば、現状のFigmaデザインでは、プロトタイプを見ている人がFigmaアカウントにログインしている場合、その人のアイコンが画面右上に表示されてしまいます。このような理由から、例えば営業資料をFigma Slidesで作っても、発表用途、共有用途には使いづらい場面があるでしょう。当然、そんな時にはPowerPointやGoogleスライドなどにエクスポートしたいという要望が出てきます。

　PowerPoint形式へのエクスポートは、公式の機能としては本書執筆時点（2024年11月）では未対応ですが、プラグインの力を借りて実現することができます。

> **❶ CAUTION**
> この後紹介するFigma Slidesでは「プラグインの実行」自体がサポートされていません。プラグインを使ったエクスポートは、現状Figmaデザインで作ったスライドに限り有効です。

　ここでは、**Deck**というプラグインを使ってみます。

　次の順番で操作すると、PowerPoint形式（.pptx）でスライドをエクスポートできます。

1. プラグインを起動し、スライドとしてエクスポートしたいフレームたちを選択した状態で、「Add slides」をクリックします
2. 並び順が大丈夫だったら「Export」をクリックします
3. 「Save File」をクリックします

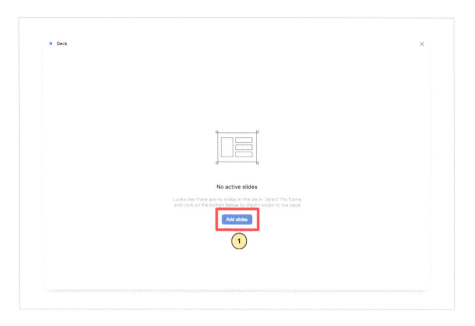

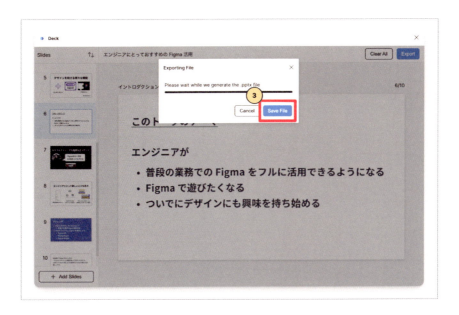

6.4 Figma Slidesでスライドを作る

　スライドに特化したFigma Slidesでスライドを作ってみましょう。Figma Slidesは次の強みを持っています。

- スライドビューとグリッドビューを行き来することにより、一般的なスライドツールとFigmaのいいとこどりができる
- 投票やスタンプなどのライブインタラクション機能を使うことによって、発表を盛り上げることができる
- Figmaデザインで作ったコンポーネントやライブラリを利用できる

スライドビューとグリッドビュー

　Figma Slidesには、二つの重要なビューがあります。**スライドビュー**と**グリッドビュー**です。

　スライドビューではPowerPointやGoogleスライドなど他のスライドツールと同様に、一枚一枚を見られます。

グリッドビューでは、いつものFigmaのように無限キャンバスにスライドたちを並べて見られます。

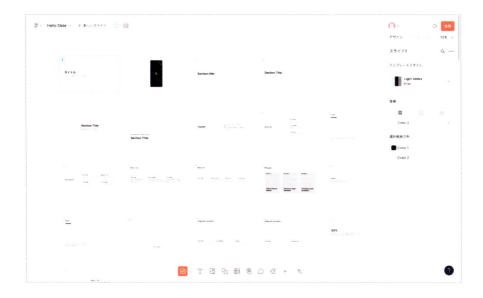

これら二つのビューを切り替えられることによって、Figmaのメリットを維持しつつ、慣れ親しんだ操作感のスライドツールとしても使うことができます。

Figma Slidesファイルを作る

それでは、Figma Slidesでスライドファイルを作ってみましょう。ホーム画面右上の**新規作成**ボタンをクリックし、**スライド**を選択してください。

第6章 | FigmaデザインʼFigma Slidesでコラボラティブなスライドをつくる

　スライドファイルが作成され、**テンプレート**を選ぶ画面が表示されます。ここではFigma社が用意してくれている **Light Slides** を選択して進めます。Figma Slidesの機能を試したいので「すべてのスライドを追加」を選択してみましょう。

> **!NOTE**
> テンプレート選択画面には、自分で作ったテンプレートを表示させることもできます。

すると、次図のようにスライドが追加されます。これで準備万端です。

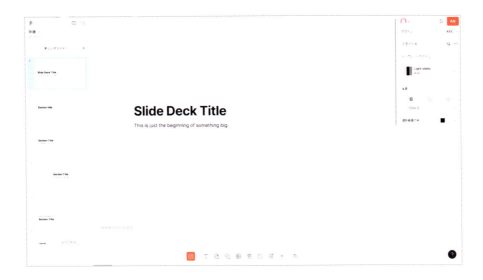

Figma Slidesの使い方 ― スライドビュー

それでは、Figma Slidesの具体的な使い方を見ていきましょう。**スライドビュー**では、他のスライドツールとほぼ同じ操作感で、スライドを作成できます。

新しいスライドの作成

新しいスライドを追加したい場合は、左ペインの**新しいスライド**をクリックすると、テンプレートから追加したいスライドデザインを選択できます。**＋**をクリックした場合は、空のスライドを追加できます。

第6章 | Figmaデザイン&Figma Slidesでコラボラティブなスライドをつくる

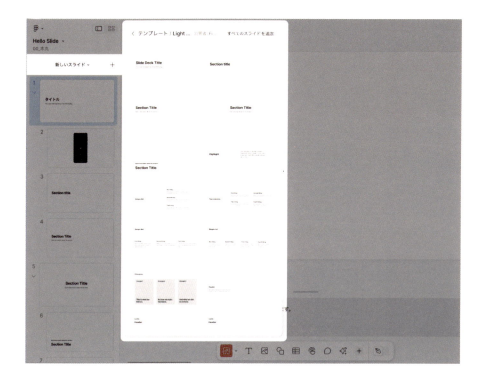

セクションを作る

　Figma Slidesでは、複数のスライドを束ねる**セクション**を作ることができます。スライドビューの左ペインで、セクションに含めたいスライドを選び、右上の方へドラッグします。すると、スライドの上側に青いガイド線が表示されます。青いガイドが右にズレるタイミングでドロップすると、直前のスライドと同じセクションに束ねられます。

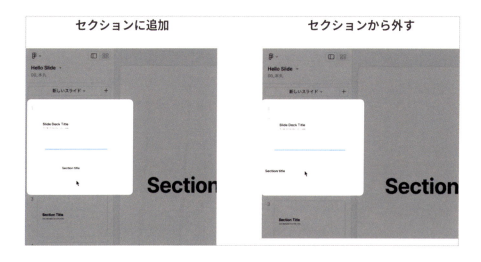

202

複数のスライドをセクションとして束ねると、左ペインの表示が変わり、セクション単位で表示・非表示を切り替えられるようになります。表示をコンパクトにまとめられるので、枚数が多いスライドを作る時に便利です。

開いている時　　　　　閉じている時

セクション先頭のスライドは、**グリッドビュー**にした時に上から下へ、縦一列に並びます。同じセクション内のスライドは、左から右へ、横一行に並びます。セクションは、メンテナンスしやすいスライドファイルを作るために便利な機能なので、積極的に使っていきましょう。

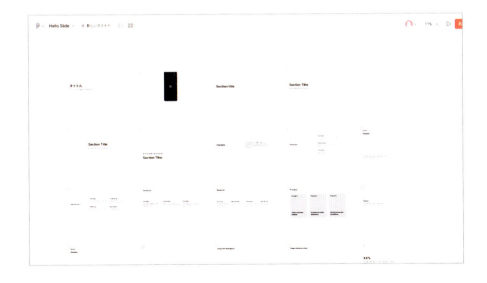

発表者のメモを書く

スライドビューでは、発表する時に自分だけが見られるメモである**発表者のメモ**を入力することができます。

> **! NOTE**
> 発表時に発表者メモを確認する方法については、「**プレゼンテーションを開始する**」で解説します。

Figma Slidesの使い方 ― グリッドビュー

スライドビューでは一度に一スライドしか表示できませんでしたが、グリッドビューではFigmaデザインのようにスライドを並べた表示に切り替わります。スライドファイル全体を俯瞰して見ることができます。

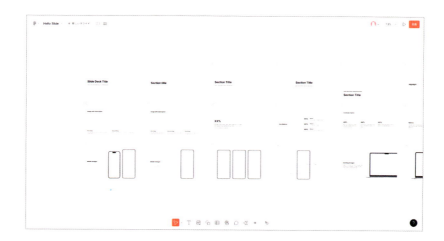

スライド、セクションの追加

グリッドビューでは、スライドを追加したい場所にカーソルをホバーすると表示される「+」ボタンをクリックすると、スライドを追加できます。

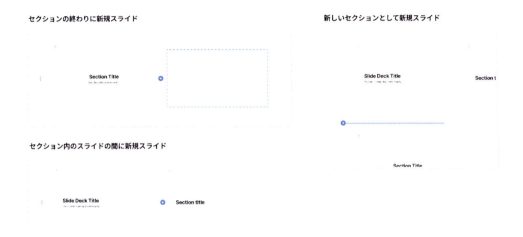

セクションを追加するときは、セクション先頭のスライド間の左側余白にカーソルをホバーしてください。

この「スライドとスライドの間に新規スライドを作れる」という点は、Figmaデザインと比べた時のメリットです。Figmaデザインでは複数のスライドを選択してずらして…というのが、少々手間です。

スライド、セクションの選択

スライドの上側にカーソルをホバーすると、青い色のバーが表示されるので、そこをクリックするとスライドを選択できます。

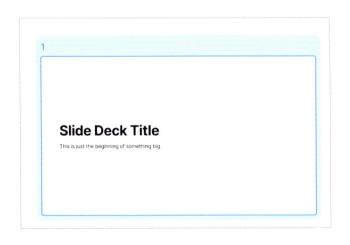

複数のスライドを選択したいときはドラッグ＆ドロップで選択したいスライドを囲むか、shift（Shift）キーを押しながらスライドを選択します。

セクション先頭のスライドの左側余白にカーソルをホバーすると、青い小判型のパーツが表示されるので、そこをクリックするとセクションを選択できます。

スライドと同様にドラッグ＆ドロップやshiftキーを使い、複数のセクションを選択することもできます。

スライド、セクションの削除

スライドやセクションは、選択後、delete（Del）キーまたはBackSpaceキーを押すと削除できます。

プレゼンテーションを開始する

スライドが完成したら、いよいよ発表です。ドキドキですね。右ペインの上部にある「プレゼンテーション」ボタンをクリックすると、スライドのみで発表するか、スライドと発表者のメモを見ながら発表するかを選ぶメニューが表示されます。

「プレゼンテーション＋メモ」を選んだ場合は、次のように発表者のメモ付きのウィンドウと、オーディエンス用のウィンドウが別々に表示されます。画面共有をする際にオーディエンス用のウィンドウを投影しつつ、手元では「発表者のメモ」付きのウィンドウを見るように設定しましょう。「発表者のメモ」が必要ない場合は、「プレゼンテーション」を選択して画面共有するのが楽だと思います。

発表者用ウィンドウ　　　　　　　　　　投影用ウィンドウ

あとは特に難しいことはありません。必要に応じてスライドをめくるだけです。キーボードの「←」キーを押すと前のスライド、「→」キーを押すと次のスライドにそれぞれ遷移します。この方法が一番楽だと思います。

ライブインタラクションでプレゼンを盛り上げる

ライブインタラクションとは、発表中に聴衆と交流するための様々な機能を指しています。本書執筆時点（2024年11月）では、次の4つの機能が該当します。

1. 投票
2. スタンプ

3. 意見の一致度
4. プロトタイプ

これらの機能を聴衆の方々に使ってもらうためには、スライドのリンクを共有する必要があります。画面右上の「共有」をクリックしてから「プレゼンテーションのリンクをコピー」してリンクを取得しましょう。

> ⚠ WARNING
> 一つネックとして、このように共有されたプレゼンテーションは2024年11月の執筆時点ではFigmaアカウントにログインしていないと見られないようです。聴いてくださってる方々全員がFigmaアカウントを持っていて、かつログインしているケースは珍しいと思います。誰でも見られるモードができると嬉しいのですが、こちらは今後に期待です。

投票

複数の選択肢を用意しておき、投票を募ることができます。

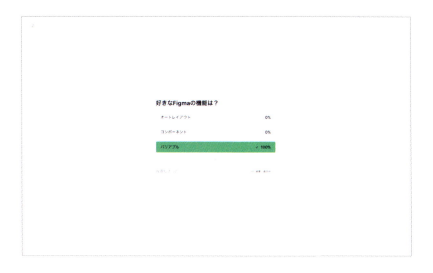

スタンプ

質問文と共に、スタンプでの反応を募れます。

意見の一致度

質問文と共に、どれくらい賛同/反対しているかを選んでいただけます。

プロトタイプ

スライド中にFigmaデザインのプロトタイプを埋め込み、触ってもらうことができます。まず、埋め込みたいプロトタイプを選びます。

すると聴衆の方々の画面でもプロトタイプが表示され、通常のプロトタイプと全く同じ形で操作することができます。使い方によっては全く新しいプレゼン体験を提供できそうです。

デザインモードで細かな調整

デザインモードは、Figmaデザインと同じように操作できるモードです。スライドビューでも、グリッドビューでも使うことができます。

> ⚠ CAUTION
> このモードを使うには、Figmaデザインが扱える編集権限を持っている必要があります。

デザインモードへ切り替えるには、中央ペインの右端のトグルスイッチをオンにします。

試しにテキストのレイヤーを選択した時に、右ペインがどう変わるかを見てみましょう。デザインモードでは、位置やレイアウト、タイポグラフィーなど、より細かい設定を行える

のが見て取れます。スライドを作成する時は、それほど細かい調整は不要なので、スライドモードのUIで事足りる（というか、むしろ余計な項目がなくてベターなことが多い）と思いますが、より細かい調整をしたい時に使ってみましょう。

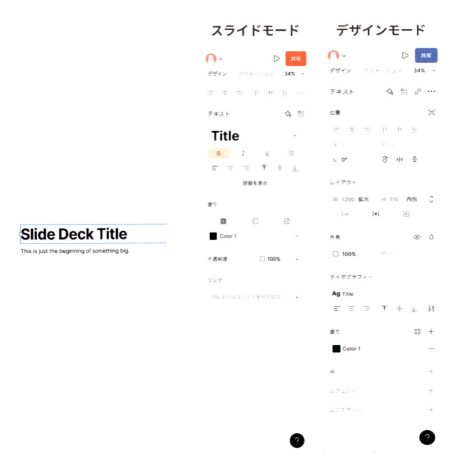

FigmaデザインからFigma Slidesにお引越し

　Figmaデザインで作ったスライドは、Figma Slidesにお引越しできます。command（Ctrl）＋Aで全てのレイヤーを選び、**アクション**から「Figma Slidesにコピー」を選択します。

Figma Slidesでスライドを作る 6.4

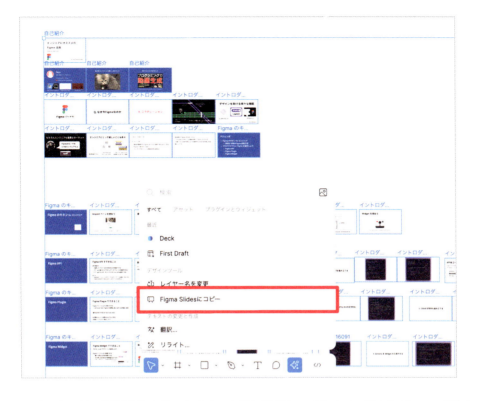

すると、元の階層構造を保ったまま、完璧に移行してくれます。過去にFigmaデザインで作ったスライドをFigma Slidesへ移行したい場合や、すでにFigmaデザインで作り始めてしまったが、途中からFigma Slidesに移行したい場合に、試してみてください。

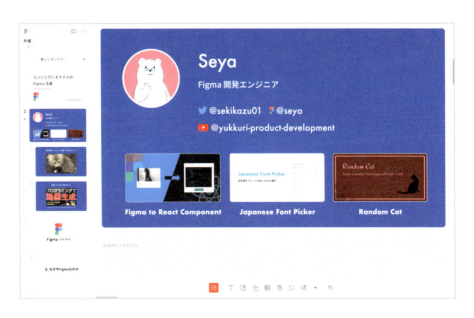

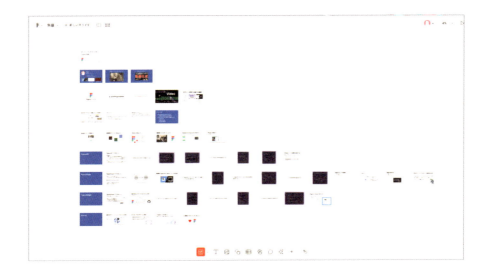

Column

キャンバスを使ったプレゼン

　発表では、スライドを一枚一枚をめくっていくスタイルで行うことが多いと思います。ですが、時にはキャンバスを見せたまま、ドラッグしながらプレゼンするのも効果的です。

　ズームイン、ズームアウトして見せたり、フレームの型にハマらない大きな画像を見せたり、前後のスライドも見せたり、…。

　うまくいけば、シームレスで、より没入感のある発表を行えるでしょう。こうした規格外の発表をする時は、左ペインと右ペインが少し邪魔に思えるかもしれません。そんな時は、キャンバスを右クリックをして **UIの表示/非表示** をクリックすると、左右のペインを隠すことができます。

　Figma中々上級者向けの発表方法ではありますが、正に「Figmaならでは」のプレゼンスタイルですので、興味が湧いた方は、ぜひ挑戦してみてください。

6.5 おわりに

　この章ではFigmaを活用したスライドの作り方を紹介してきました。冒頭でも話しましたが、Figmaでスライドが一望できる体験は他のスライドツールにはなく、私はもはやFigma以外でスライドを作ることができません。

　読者の皆さんも、何かしら発表の機会がある時に、ぜひ試してみてください！

Column

イベント現場で活きるテクニック—スライド自動めくり

　本章では基本的に「何かしらの発表資料」としてのスライドをご紹介してきましたが、それ以外にも「オフラインイベントにおける会場案内」などの用途でも使えます。会場案内では「Wi-Fiパスワード、会場地図、当日のアジェンダ」など、一枚のスライドでは収まりきらない情報を順ぐりに見せたい時もあります。これはFigmaのプロトタイプによって簡単に実現できます。

　通常のプロトタイプ同様にスライドの順番をコネクションで指定します。そしてインタラクションを「アフターディレイ」に変更して、何秒そのスライドを表示したら次に移るかを指定します。

　これでプロトタイプを始めると、指定の秒数が経つとフワッと次のスライドに移ってくれます。また、最後のスライドから先頭のスライドにも同様のコネクションを作成すればループの完成です。役立つ機会が訪れた時にぜひ試してみてください。（Figma Slidesでもアフターディレイはあるのですが、最後から先頭に遷移はできないためループはできません。）

発展編

第7章

さらに広がるFigmaの世界

これまでプロダクト開発やスライド作成という文脈でFigmaデザイン、FigJam、Figma Slidesの使い方を見ていきました。本章ではそんな文脈に閉じない、多様なFigmaデザインとFigJamの活用例を紹介して本書を締めくくりたいと思います。

7.1 Figmaデザインで画像編集

　Figmaデザインはちょっとした画像編集もこなせます。もちろん専門ツールと比べると足りない部分はありますが、Figmaデザインの標準機能に加えて、コミュニティで公開されているプラグインを活用することで、高度な画像編集を行えます。

　このセクションでは、標準機能のちょっとしたテクニックや、便利なプラグインを紹介していきます。

露出・コントラスト・彩度・温度・濃淡・ハイライト・シャドウの調整

　Figmaデザインの右ペインで**塗り**から**画像**を選択すると、次の図のように、選択中の画像の**露出**、**コントラスト**、彩度、（色）**温度**、濃淡、**ハイライト**、**シャドウ**を調整できます。

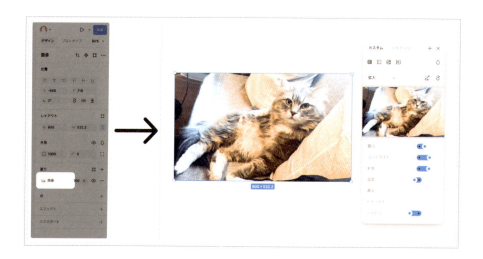

画像をトリミング（長方形に切り抜く）

　画像を**トリミング**することもできます。画像を選択した状態で、右ペイン、サムネイルの左上にあるメニューから**トリミング**を選択してください。

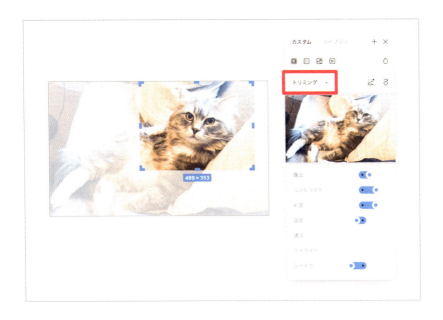

画像を好きな形に切り抜く

図形と**マスク**を使うことで、好きな形に画像を切り抜くことができます。

ここでは**星ツール**を使って猫の写真を星型に切り抜いてみましょう。まず、切り抜きたい形の図形を用意します。次に用意した図形を右リックして、表示されたメニューから**マスクとして使用**を選択します。

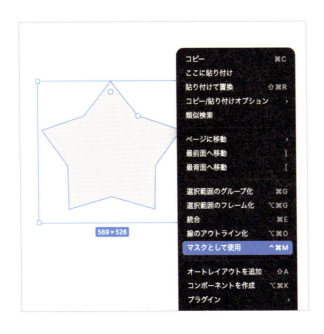

すると、左ペインにMask groupというレイヤーができるので、その中に切り抜きたい画像を配置します。星の位置を動かすことによって、好きな位置で切り抜きすることができます。

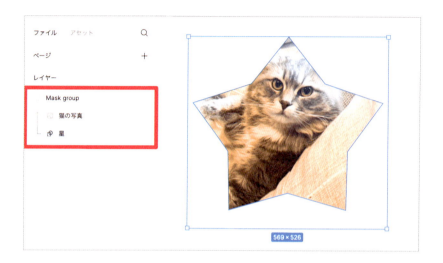

背景の削除

2章「Figmaの見取り図」でも紹介しましたが、FigmaデザインではAI機能により**背景を削除**することができます。

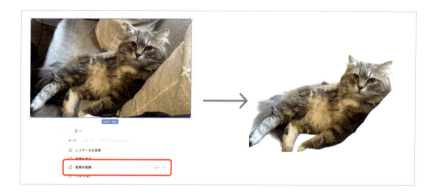

> **❶ NOTE**
> AI機能が搭載される前は、プラグインや外部のサービスを使う必要がありました。大変ありがたい機能追加です。

続いて、Figmaデザインの画像編集機能を強化してくれる、便利なプラグインをいくつか紹介していきます。

画像をベクター化する — Image Tracer

　PNG形式やJPEG形式のラスター画像をトレース（なぞり描き）して、いい感じのベクターデータに変換してくれるプラグインが **Image Tracer** です。

　ベクターは点と点を結んで図形を描く方式で、Figmaデザインでは**ペンツール**で描けるようなデータと思えばOKです。**ペンツール**では、次のように、図形の頂点や曲がり角に**アンカーポイント**と呼ばれる点を置き、それらの点を線で繋いで図形を描きます。

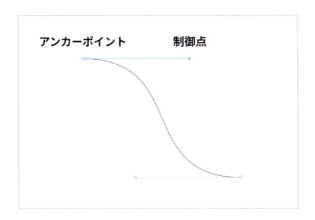

　アンカーポイントが形の基準となる点で、**制御点**が曲線の形を調整する点です。これら点の座標や線の曲がり具合などは、数値や計算式として保存されます。そのため**拡大しても品質が劣化しない画像を作る**ことができるのが、ベクターデータの大きな強みです。

https://www.figma.com/community/plugin/735707089415755407/image-tracer

　画像を選択してプラグインを実行すると、画像の中からベクター化すべき部分を自動的に探して変換してくれます。

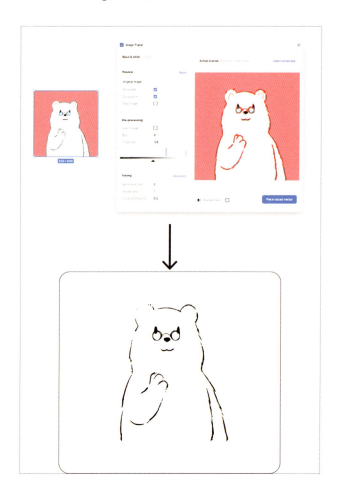

　2024年11月現在、無料で使えるのは1回のみです。無制限に使うには、買い切りのライセンス（10ドル。毎回20秒のロードタイムが入る制限付きライセンスでは2ドル）を購入する必要があります。便利そうだったら購入してみましょう。

いい感じの影をつけてくれる──Beautiful Shadows

オシャレな影をつけたい！ そんな時に便利なのが**Beautiful Shadows**というプラグインです。

プラグインを開いた状態で任意のレイヤーを選択すると、自動で影をつけてくれます。白い丸の部分が光源、真ん中の四角が選択したレイヤーを表しています。光源をドラッグして位置を変えることにより、直感的に影の位置や長さを変えることができます。

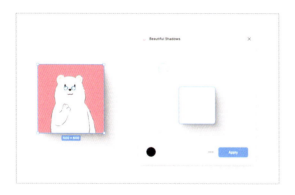

もちろん、影の色や強さなどを変更することもできます。

　以上、Figmaデザインを使った基本的な画像編集テクニックを紹介しました。他の専門ツールと比べると足りない部分はあるのですが、Figmaデザインだけでも、かなりの範囲の画像編集のユースケースをカバーできると感じられたはずです。

　特にFigmaデザインはUIがシンプルで、学習ハードルが低い点も、ノンデザイナーであるみなさんにオススメしたいポイントです。Figmaデザインは画像編集ツールとして見た場合も魅力的です。筆者もそのためだけにFigmaデザインを開く機会が多いです。画像を編集したい場面に遭遇したら、Figmaデザインのことを思い出し、ぜひ試してみてください。

7.2 Figmaとコミュニティ

　Figmaにはいろいろな文脈での**コミュニティ**が存在します。このセクションでは、こうしたコミュニティを紹介します。

Figmaコミュニティ

　一つめはFigma社が提供している**Figmaコミュニティ**です。何度か紹介している通り、数多くのデザインファイルやプラグイン、ウィジェットなどが公開されており、大変便利です。Figmaコミュニティには、Figma社もコンテンツを公開することがありますが、基本的にはユーザ各位によって支えられています。つまり、読者のみなさんも参加することができるのです。

> **! NOTE**
> 筆者もいくつかプラグインやメタファイルをFigmaコミュニティへ公開したことがあります。普段は自分が公開したことすら忘れがちなのですが、たまに他のFigmaユーザと会った時に「Seyaさんのプラグイン使っていますよ」などと言われると、嬉しいものです。

筆者のFigmaコミュニティプロフィール

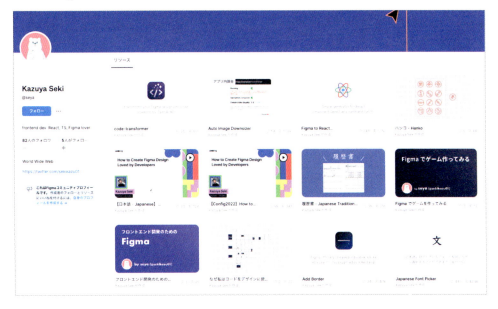

Figmaコミュニティでコンテンツを公開していると、Figma社からFigmaコミュニティ内でどのような反響があるかのニュースレターが届きます。自分の制作物の利用具合を実際の数値と共に届けてくれるので、とても励みになります。

Figmaコミュニティへの参加はかんたんです。デザインファイルであれば、右ペイン上部の**共有**ボタンを押し、**コミュニティに公開**を選ぶだけで大丈夫です。

プラグインやウィジェットの公開手順は少々分かりづらいかもしれません。**アクション**のから公開したいプラグインまたはウィジェットを表示して…をクリックします。すると、次の画面のようなプラグインの管理メニューが表示されます。

> **! NOTE**
> 上の画面では、筆者が公開済みのプラグインを使って画面を撮影したため「公開を取り消す」と表示されています。しかし、未公開のプラグインを選択した場合は、この部分に「公開する」と表示されます。

ぜひ便利なものを色々シェアしていってコミュニティを盛り上げていきましょう！

Friends of Figma

二つめの**コミュニティ**として、Figma社も支援する**Friends of Figma(FoF)** というユーザコミュニティグループを紹介します。

Friends of Figma（FoF）

https://friends.figma.com/

日本にも北は札幌から、南は沖縄まで多数のFoFが存在し、物理イベントやバーチャルイベントを開催しています。

プロデザイナー向けのイベントはもちろん、初心者向けのワークショップや、Figmaとは直接関係のないボードゲーム大会が開催されるなど、門戸は広く開かれています。Figma好きの同志と繋がれる場ですから、気になるイベントがあればぜひ参加してみましょう。

一年に一度のFigmaの祭典：Config

Figma社は例年6月の終わり頃に**Config**というカンファレンスを開催しています。Configでは毎年大きなアップデートが発表されるため、Figmaファンたちの注目が集まり、大変な盛り上がりをみせます。

（出典：https://www.figma.com/blog/config-2024-designing-a-better-conference/）

例えば2024年のConfigでは、次のようなアップデートが発表されました。本書でも紹介した重要な機能ばかりです。

- 数々のAI機能
- UI3というFigma自体のUIデザインの大幅アップデート
- スライド作成専用モードであるFigma Slidesの登場

Configは例年サンフランシスコで開催されてきましたが、2024年には初めてConfig APACと称してシンガポールでも開催されました。筆者も初めて参加してみましたが、様々な国籍、業種、職種、バックグラウンドを持つFigmaユーザたちが一堂に会し、熱気がすごかったです。タイミングが合えば、ぜひ現地に足を運び、この熱気を体感してください。

7.3 教育とFigma

Figmaは教育現場でも活躍しています。Figma社は、FigmaデザインとFigJamを学生向けに無料で提供しています。学生の皆さんや教職員各位、教育委員会の皆さま、ぜひ導入を検討してみてください。

（出典：https://www.figma.com/ja-jp/education/）

第7章 | さらに広がるFigmaの世界

　Figma社は、Google社と提携し、Chromebookと一緒にFigmaを提供してくれるプログラムも作っているようです。

（出典：https://www.figma.com/ja-jp/education/chromebooks/）

　実際の授業では「FigJam」が使われることが多いようです。国語、算数、社会は言うまでもなく、音楽、体育など様々な教科で活用されています。ここでは小学校における事例を一つ紹介しましょう。児童は、夏休み明け、2学期の初日の記録を「FigJam」で共有します。班ごとに付箋を貼って感想を書き込み、スタンプやステッカーで共感を示します。

(出典：https://edtechzine.jp/article/detail/10120)

　筆者の子供時代を振り返ると、「自分の意見を言う」ことは、引っ込み思案な筆者にとって、心理的なハードルが高い行動だった思い出があります。しかしFigJamであれば付箋を貼るだけなので、筆者のような児童にとっても心理的なハードルがかなり下がることでしょう。また、スタンプなどで表現される共感も嬉しいことこの上ないでしょう。FigJamは、既存の授業の内容を置き換えるのではなく、**子供たちの新たな体験を生み出している**のだなと感じます。

　FigmaデザインとFigJamはUIのシンプルさから、誰でも、すぐに使えます。教育分野もそうですが、それ以外の様々な領域でも使われるようになると、とても楽しいだろうなと想像しています。

おわりに

　本書は、ノンデザイナー向けに Figma、FigJam、Figma Slides の基礎と実践例を紹介してきました。

　Figma というソフトウェア自体のデザインも非常に優れていて、プロの UI デザイナーが仕事でバリバリ使えるような深さと、様々な職種の方が様々な用途で使える幅とを併せ持ちながらも、シンプルな UI を保っている、本当に奇跡のようなソフトウェアだと感じています。

　Figma は筆者にとってもキャリアの転機となったツールと差し支えないものです。

　気軽にアクセスでき、オートレイアウトやコンポーネントなどのデザインを構造的に作っていく数々の素晴らしい機能があったから、筆者はソフトウェアエンジニアの身からデザインに興味を持つようになりました。誇張抜きで私の人生は Figma によって変わりました。

　筆者と同様に、どんな職種の人でも、他の領域に興味を持つような、そんな媒介となるような力を持ったプロダクトだと感じています。

　本書を通じて様々な Figma、FigJam の可能性を知り、**越境**するきっかけがもしできたなら著者としてこの上ない喜びです。

　ここまでお読みいただきありがとうございました。

2024 年 11 月
関 憲也（seya）

プラグインとウィジェット

本書では、以下のFigmaプラグイン、ウィジェットを紹介しました。

タイプ	名前	機能	ページ
プラグイン	Iconify	あらゆるアイコンを検索	34
	html.to.design	ウェブサイトをFigmaのデザインに変換	35
	Artboard Mockups	簡単にオシャレなモックアップ作成	37
ウィジェット	Comment Note	キャンバス上にコメントを残す	50
プラグイン	Better File Thumbnails	手軽にサムネイルを作成	85
	Simpleflow	Figmaデザインでコネクターを作成	108
	ウィジェット	PhotoBooth	112
	Anima	Reactコードの書き出しをサポート（開発モード専用）	175
	GitHubプラグイン	レイヤーにGitHubのイシューを紐づけ（開発モード専用）	176
	Super Tidy	Figmaデザインのスライドを整列	192
	Deck	FigmaデザインのスライドをPowerPointにエクスポート	196
	Image Tracer	画像をベクター化する	221
	Beautiful Shadows	いい感じの影をつけてくれる	223

プラグインやウィジェットの使い方、探し方、コミュニティへの公開方法については、次のページをご覧ください。

内容	ページ
プラグイン・ウィジェットの実行	55
プラグインやウィジェットの探し方	55
コミュニティへの公開	226

ショートカットキー一覧

本書で紹介したショートカットキーを一覧表にまとめます。

Figmaデザイン

機能	macOS	Windows	ページ
キャンバスの移動	スペース+ドラッグ	スペース+ドラッグ	45
拡大縮小	command +マウスホイール	Ctrl +マウスホイール	45
選択範囲をフレーム化	command + Option + G	Ctrl + Alt + G	46
アクションメニューを開く	command + / command + P	Ctrl + / Ctrl + P	55 134 195
直前に呼び出したプラグインを再呼び出し	command + option + P	Ctrl + Alt + P	55
コンポーネントを複製	command + D	Ctrl + D	61
ショートカット集を開く	control + shift +?	Ctrl + Shift +?	79
フレームツールを選択	F	F	80 127
テキストツールを選択	T	T	80 129
レイヤーをPNGとしてコピー	commnad + shift + C	commnad + Shift + C	80 167
オートレイアウトを追加	shift + A	Shift + A	81
コンポーネント検索	shift + I	Shift + I	82
ファイル内を検索	control + F	Ctrl + F	83
長方形ツールを選択	R	R	128
子レイヤーを選択	return	Enter	161
親レイヤーを選択	shift + return	Shift + Enter	161

ショートカットキー一覧

機能	macOS	Windows	ページ
兄弟レイヤーを選択	tab （逆方向は shift + tab）	Tab （逆方向は Shift + Tab）	161
選択範囲までの 距離を測定	Option	Alt	164
開発モードに切り替える	shift + D	Shift + D	168
プロトタイプのページを 進める	→	→	194
プロトタイプのページを 戻す	←	←	194
すべてのレイヤーを選択	command + A	Ctrl + A	212

FigJam

機能	macOS	Windows	ページ
キャンバスの移動	スペース+ドラッグ	スペース+ドラッグ	98
ハイタッチ	Hを長押し	Hを長押し	111
ショートカット集を開く	control + shift +?	Ctrl + Shift +?	113
付箋ツールを選択	S	S	114
コネクターツールを選択	K	K	114
（マインドマップの） 子キーワードを追加	control + return	Ctrl + Enter	116
（マインドマップの） 兄弟キーワードを追加	control + shift + return	Ctrl + Shift + Enter	116
（マインドマップの） キーワードを削除	delete	Del	118

索引

凡例

- **T** テンプレート
- **W** ウィジェット
- **P** プラグイン
- **FD** Figmaデザイン
- **FJ** FigJam
- **FS** Figma Slides
- **Dev** 開発モード（Dev Mode）
- **AI** AI機能

A

- **FD** AI 133
- **P** Anima 175
- **P** Artboard Mockups 37

B

- **P** Beautiful Shadows 223
- **P** Better File Thumbnails 85

C

- **W** Comment Note 50
- Config 228

D

- **P** Deck 194
- Dev（プラン） 30
- **FD** Dev Mode 14, 158

F

- FigJam 14, 86, 230
- Figma for VSCode 178
- Figma Slides 14, 187, 198
- **FD** Figma Slidesにコピー 212
- Figmaアカウント 17
- Figmaデザイン 15
- **FD** Figmaで開く 131
- **AI** First Draft 133
- **Dev** Flutter 169
- FoF 227
- Framer 155
- Friends of Figma 227

G

- **P** GitHubプラグイン 176

H

- hi-fi 125
- **P** html.to.design 35

I

- **P** Iconify 34
- **P** Image Tracer 221

L

- lo-fi 125

M

- **FD** Mask group 220

N

- Notion 121

P

- **FD** PDF 194
- **W** PhotoBooth 112
- PowerPoint 194

R

- **Dev** React 169, 175

S

- Slack 49
- Slide Deck 194

索　引

Speaker Deck 194
`P` Super Tidy 192

U

`FD` UI3 229
`FD` UIの表示/非表示 214

V

v0 155
VSCode 178

W

Webブラウザ 12
`T` Wireframing Kit 131

ア行

アイコン 34
`FD` アクション 55, 142
`FD` アセットタブ 43, 190
`FJ` 新しい投票 95
`FD` アニメーション 142
`FD` アルファベット順 84
`FD` アンカーポイント 221
`FS` 意見の一致度 210
`FD` 移動 44
`FD` インスタンス 60
`FD` インスタンスの編集 63
`FD` インタラクション 141
`FD` ウィジェット 33, 55
`FJ` 埋め込み型リンク 121
`FD` エクスポート 167, 194
エクセル 104
`FD` 閲覧権限 31, 151, 159
閲覧のみ 32
エンタープライズ 27, 28
`FD` オートレイアウト 68, 81, 180
`FD` オートレイアウトの追加 69
`FJ` オープンセッション 96
`FJ` 音楽を開始 94
`FD` 温度 218

カ行

`FJ` カーソルチャット 112
`FJ` 会議 110
`Dev` 開発モード 14, 29, 158, 168
`FD` 影 223
`FJ` カスタマージャーニーマップ 123
`FD` 画像としてコピー 80
`AI` 画像の作成 59
`FD` 画像編集 218
`FD` 角丸 128
`FD` 画面構成 42
`FJ` 画面構成 88
`FD` 間隔 164
`Dev` 間隔 171
`FD` キャンバス 42
教育 229
共同編集 13
`FD` 共有 52
`FS` グリッドビュー 199, 203
`FD` グループ 47
`FD` 権限 31
高忠実度 125
`FD` コードとしてコピー 162
`FD` コネクション 137
`FJ` コネクター 103, 107
コミュニティ 14, 33, 108, 177, 225
`FD` コミュニティに公開 52, 226
コミュニティプロフィール 225
`FD` コメント 23, 48
コラボ（プラン） 30
コラボレーション 12
`FD` コレクション 73
`AI` コンテンツを置換 58
`FD` コントラスト 218
`FD` コンポーネント 60, 164
`FD` コンポーネントプロパティ 67
`FD` コンポーネントを検索 82
`Dev` コンポーネント 172

サ行

`FD` 最終変更時刻順 84

237

索 引

FD	再生ボタン	138
FD	彩度	218
FD	サムネイル	84
FJ	シェイプ	102
FD	シェイプツール	47
FD	下書き	25, 131
FD	シャドウ	218, 223
FD	ショートカット	79
FJ	ショートカット	113
FJ	署名	100
FJ	図形	102

スターターチーム ... 27, 28

FD	スタイル	77, 161
FD	スタイルのコピー	161
Dev	スタイル	170
FJ	スタンプ	105
FS	スタンプ	209
FJ	ステッカー	109

スプレッドシート ... 104

FD	スポットライト	51
FJ	スポットライト	90
FD	スマートアニメート	143

スライドツール ... 184

FD	スライドの公開	194
FS	スライドの削除	206
FS	スライドの作成	201
FS	スライドの選択	205
FS	スライドの追加	205
FS	スライドビュー	198
FD	スライドを整列	191
FD	制御点	221
FJ	生成AI	91
FD	整列	81
FJ	セクション	104
FS	セクション	202
FS	セクションの削除	206
FS	セクションの選択	205
FS	セクションの追加	205
FJ	選択ツール	98

タ行

| FJ | タイマー | 93 |

Dev	単位	169
	チーム	24
	チーム管理者	32
	チームと同じ	32
	忠実度	125
FD	通知	48
	低忠実度	125
FJ	テーブル	104
AI	テキストのリライト	58, 103
	デザインのダブルダイヤモンド	116
FD	デザインファイル	83
FS	デザインモード	211
	デスクトップ画面	20
FD	デスティネーション	137
FD	手のひらツール	44
FJ	手のひらツール	98
FD	デバイス	136
	テンプレート	14, 33
FJ	テンプレート	92
FD	テンプレート	131
FD	動画	145
FD	動画の自動再生	147
FS	投票	209
FD	トリガー	142
FD	トリミング	218

ナ行

| FD | 濃淡 | 218 |

ハ行

AI	背景を削除	59
FJ	ハイタッチ	111
FD	ハイライト	218
FS	発表者のメモ	204
FD	バリアブル	71
FD	バリアブルの解除	77
FD	バリアブルの作成	73, 75
FD	バリアブルの適用	76
FD	バリアント	64, 145, 165
FD	バリアントの追加	65
FD	バリアントのプロパティ	65

ビジネス（プラン）... 27, 28

ファイル形式 15
`FD` ファイルタブ 43
`FD` ファイル内を検索 83
`FD` ファイル名 84
ファイルを移動 26
`FJ` 付箋 99
`FJ` 付箋のグルーピング 101
プラグイン 14, 33
`FD` プラグイン 55
`Dev` プラグイン 174
`Dev` プラットフォーム 169
プラン 27
`FJ` プラン 29
`FS` プラン 29
フル（プラン） 30
`Dev` プレイグラウンド 173
`FD` フレーム 45
`FD` フレームの作成 46
`FD` フレームをPDFにエクスポート ... 194
`FD` プレゼンテーション 193
`FS` プレゼンテーション 206
`FD` フロー 140
`FD` プロジェクト 24, 84
プロダクト要件 117
プロトタイプ 23, 53, 124, 193
`FD` プロトタイプ設定 136
`FD` プロトタイプを共有 150
`AI` プロトタイプを作成 57, 148
`FS` プロトタイプ 210
プロフェッショナルチーム（プラン） 27, 28
`FD` ページ 43
`FJ` ページ 89
別ウィンドウ 21
ペルソナ 123
`Dev` 変更内容を比較 173
`FD` 編集権限 27, 31, 211
`FJ` ペンツール 98
`FD` ペンツール 221
`FJ` ボード 97
ホーム画面 19
`FD` ホットスポット 137
`AI` 翻訳 58

マ行

`FD` マージン 164
`Dev` マージン 171
`FJ` マインドマップ 117
`FD` マスク 219
`FD` マルチプレイヤーツール 51
`FJ` マルチプレイヤーツール 90
`AI` 短くする 58
`FD` ミラーリング 152
ムードボード 123
`FD` 無限キャンバス 184
無効 32
無料 28
`FD` メインコンポーネント 60
`FD` メインコンポーネントの編集 63
モバイルアプリ 22, 130, 152

ヤ行

ユーザーストーリーマップ 122
`FD` ユーザー全員 53

ラ行

`FS` ライブインタラクション 207
`FD` ライブラリ 132, 189
`FJ` リアクション 106
`FJ` 料金 29
`FS` 料金 29
`Dev` 料金 29
`FD` リンク 52, 185
`FJ` リンク 119
`FD` レイヤー 43, 45
`FD` ―の選択 161
`AI` レイヤー名を変更 56
ログイン 18
`FD` 露出 218

ワ行

ワークスペース 25
ワイヤーフレーム 126
`FJ` 和紙テープ 98

【STUFF】
cover design：クオルデザイン　坂本 真一郎

【著者プロフィール】
関 憲也（せき かずや）
フロントエンドエンジニア。ニューヨーク州立大学ストーニーブルック校Computer Science学部卒業後、日本でソフトウェアエンジニアとして働き始める。Figmaに魅せられ、エンジニア目線でのデザインプロセスの改善や、デザインからコードの自動生成などを手掛ける。
Figma公式グローバルカンファレンス「Config 2022」登壇。
Community Advocate, Friends of Figma。
X: @sekikazu01

ノンデザイナーのためのFigma入門

| 発行日 | 2025年 2月 3日 | 第1版第1刷 |

著　者　関　憲也

発行者　斉藤　和邦
発行所　株式会社　秀和システム
　　　　〒135-0016
　　　　東京都江東区東陽2-4-2　新宮ビル2F
　　　　Tel 03-6264-3105（販売）Fax 03-6264-3094
印刷所　株式会社シナノ

©2025 Kazuya Seki　　　　　　　　　Printed in Japan
ISBN978-4-7980-7087-2 C3055

定価はカバーに表示してあります。
乱丁本・落丁本はお取りかえいたします。
本書に関するご質問については、ご質問の内容と住所、氏名、電話番号を明記のうえ、当社編集部宛FAXまたは書面にてお送りください。お電話によるご質問は受け付けておりませんのであらかじめご了承ください。